認識
DNA
下一波的醫療革命

增修三版

第五屆吳大猷科學普及創作獎金籤獎得主 **林正焜** 著

增修三版說明

　　增修三版保留第一版大部分的架構，內容則參考新的文獻和資料重新寫過。讀者一定會問的一個問題是：從第一版到這一版，DNA 科學有沒有重大的變化？

　　第一版發行的 2005 年，人類基因體序列的解碼工程剛剛完成不久，大家對這樁科學成就充滿了期待和夢想。這些年來，科學界很多心力放在解讀生、老、病、死跟 DNA 序列之間的關係。這是一件非常龐雜的工程，經過多年的努力，幾乎人體的生理與病理，大多已可以找到基因的解釋。

　　至於基因突變引起的疾病，如果能透過基因編輯修正，必然是釜底抽薪、真正的治本。2012 年之後因 CRISPR 技術成功在人類細胞內完成任務，目前更有許多按部就班、符合科學與倫理規範的基因編輯療法，正在進行人體試驗。從基因體解碼以來，人們期待的醫療革命，相信幾年內就會先在罕病、藥石罔效的末期病患身上實現。

　　本版增修時，正逢 SARS 冠狀病毒 -2 肆虐，已經變成全球性的瘟疫。因此特別探討這株病毒快速診斷的可能性（第 10 章），以及病毒生活史、治療的方向（第 11 章）。

　　此外，許多預測疾病風險的基因測試產品，不僅對消費者沒有助益，還會誤導人。面對誘人的商品，我們應當怎麼選擇才不會浪費了不必要的錢？希望讀者在享受科學新知、重新認識

DNA 之際，也獲得實用的 DNA 消費指南。

林正焜　謹識

〈審定序〉
讓病毒無所遁形的 DNA 技術

洪火樹

　　近幾十年來，出現了許多對人類社會產生重大影響新興疾病，其中大部分是新興傳染病，病原在一個全新宿主體內大量複製後傳播給人類。例如從墨西哥開始爆發的 2009H1N1 新流感，據美國疾病死亡週報的報導，一開始（在 4 月 26 日之前）就造成至少 81 人死亡（Dawood, 2009; MMWR2009）。緊接在墨西哥和美國之後，2009 年 H1N1 流感迅速攻陷歐洲、亞洲、非洲及南美洲，傳播的速度和範圍這麼驚人，主要原因應該是密切的空中交通，讓病毒隨著人類宿主搭乘飛機旅行到全球各地（Dawood, Jain et al 2009; Swedish, Conenello et al 2010）。當時世界衛生組織與美國疾管局都憂心這種流感會流行全球，2009 年 6 月 10 日世界衛生組織終於正式宣布 2009H1N1 新流感大流行。

　　就像 2003 年 SARS 爆發僅僅短時間造成人類社會不安一般，2009H1N1 流感大流行也在 2010 年 7 月正式宣布已經結束，流行期僅只一年。人類文明史經歷了很多次死傷慘重、影響深遠的疫病，相較之下，我們是不是幸運地可以免於疫病的傷害或可以降低疫情到最輕微的程度，就像在 2003 年經歷的 SARS 或 2009 年經歷的 H1N1 流感一樣？在多久的未來我們又會遭遇另一

個新興疫病？

　　從林正焜醫師這本《認識 DNA》，讀者可以認識當代 DNA 技術的原理與應用，事實上，2003 年和 2009 年的疫病會被迅速控制撲滅，最主要的原因可能要歸功於近年 DNA 技術的進展。最新的 DNA 技術讓科學家可以迅速辨識病原，大量解碼病原的 DNA ／ RNA 序列，這一來衛生單位就能夠針對病原採取對策，建立確實的診斷原則，研發有效的疫苗，監控疫情，防止致 死疫病傳播。我相信，閱讀這本與時俱進、精彩的書之後，讀者對於 DNA 科學如何改變人類的文明會有通盤的認識。

（本文作者洪火樹博士為美國 Walter-Reed Army Medical Center
分子診斷與病毒疾病部門前主持人）

目錄

目錄

〈前言〉
文明的里程碑

　　一九七幾。磨石子走道上先生推著的輪椅裡頭，50歲左右的太太垂著頭，無精打采的樣子。走道旁嵌在牆壁裡的玻璃缸，浸泡著灰暗牙色的腦，芋頭色的肝、腎，以及連接著臍帶、似哭似笑的胎兒，空氣中瀰漫著福馬林的氣味。夫妻倆默默移向診療室，斑駁的光線透過玻璃缸灑在他們身上。

　　「醫生，我太太手術過，也電療過了，」他邊說邊用手掌捧著自己的右胸，意思是乳癌摘除了。「可是越來越沒氣力，肚子也脹得越來越大，該怎麼辦啊？」

　　醫生一邊聽著，一邊幫太太檢查手術過的胸部，還彎著手指頭在她肚子上敲了敲。等先生講完，醫生開了利尿劑。

　　「東西亂跑，壓迫到血液回流的管道，加上營養不良，跑出腹水來了。」意思是乳癌轉移，腫瘤壓迫到腹腔體液回流的靜脈或淋巴管。太太自己心裡明白，是末期了，利尿劑可以解除一些壓迫感的不適，除此之外，能做的都做了，還奢望什麼治療？醫生勸患者多吃一些蛋白質食物，還說要經常到戶外，曬曬太陽。

　　2010。兩個30來歲的女子在候診室。櫃台前方一側擺著一盆盛開的蝴蝶蘭，貝多芬的鋼琴奏鳴曲穿越蘭花傳進她們的耳朵。護士叫了一個號碼，女子一起進入診療室。醫生戴著白色口罩，眼神和藹，他身後矮矮的書櫃上擺著一個一米高的雙螺旋模

11

型。一名女子在患者的位子坐下來，另一名跟醫生熱絡的打了招呼，說自己一切順利，今天帶了一個朋友來請醫生看看。跟醫生熟識的女子1年前發現自己乳房有一個硬塊，醫生檢查後介紹她到醫學中心治療。乳癌只局限在乳房，沒有擴散到淋巴結，這種情形，醫生說，治療過後5年的存活率九成以上，以後只要定期檢查就可以了。

「醫生，我想檢查看看有沒有乳癌？」坐著的女人說。

家族裡有沒有人得癌症？

「有欸。我爸爸大腸癌，4年前過世了。一個阿姨60多歲，去年咳了1個月去看醫生，診斷出來是肺癌。聽說奶奶也是得了癌症過世，肝癌吧。朋友家裡沒有一個癌症的，都得這個病，我更加擔心了。」指著帶她來的那個朋友。

醫生說，所有癌症當中不到一成是家族性的，先不用擔心。通常針對症狀早期發現，就可以早期治療，大部分可以治好。乳癌算是比較容易早期發現的癌症，其他癌症想要在症狀出現之前就檢查出腫瘤，機會很低。

問過家族史、生活習慣、有沒有長期吃什麼藥，之後，護士帶領她到帷幕裡面，醫生一邊跟她聊著，一邊幫她觸診。

「醫生，聽說有一種檢驗，檢驗基因什麼的，可以預知癌症、老年癡呆、動脈硬化等等風險。我可以做嗎？」

醫生告訴她，現在乳房沒有問題，但是要戒菸。他說吸菸會增加罹患乳癌的風險，比一般人多兩、三成的機會，菸齡越久，機會越高。而且不只乳癌，得到其他癌症的機會也增加。醫生還

說，基因檢測現在還沒成熟，要做過幾年再做不遲。

2030 年，6 月。許多公司在這個時候召開股東會，除了發表財報預測等虛虛實實的數字之外，有些公司還要公布董座和執行長的「基因體與漂流基因痕跡分析」。分析項目是股市名嘴戲稱的三把刀：精神病、失智、癌症。業績越好的公司，越怕三把刀。連著好幾年都有一些表現不俗的公司遭三把刀掃垮，公司股票就像秋風落葉，瞬時跌成一堆草。如果利用 DNA 篩檢，提早一年發現這三把刀，可以確保領導班子順利交班，股東就不會有太多損失。

漂流基因痕跡是 10 年前的新發現。科學家注意到從基因故障到細胞出問題，需要一段時間，而且一個細胞壞掉不會生病，很多細胞壞掉才會，這中間又要一段更長的時間。只要每 3 個月檢查血液裡壞掉的細胞流出來的漂流基因，計算它們的數量，就可以在身體出現症狀之前，斷言一年內必然發生的疾病。

股東大會上，三維視訊傳來醫生的身影。醫生在自己的實驗室裡，面對鏡頭，後面三、四個實驗人員操作著精密儀器。他解釋，這次的檢驗是委託美國、日本和國內各一家生技公司執行，一年來四次檢驗的結果今天才首度公開。醫生簡短解說了這次檢查的內容：

「檢驗的項目分三類：一類是精神病，但不是所有精神病，只有會脫離現實，自以為能隻手遮天的幾種精神病，像偏執狂、躁症，才是我們檢查的目標。另一類是一種癡呆症，順向失憶

症，也就是對自己說過的話會死不承認的失憶症。最後是癌症，僅限於需要化療，因此體力和精神會很萎靡的癌症。四次檢查的結果構成一個趨勢，趨勢陰性的話，1年內發生這些疾病的機會小於百分之一。趨勢陽性，1年內出現這些疾病的機會超過80%。」

接著，這一頭的董座、執行長和那一頭的醫生，分別輸入個人密碼，視訊秀出請輸入代號的指示，醫生身邊的助理輸入檢體代號，然後董座再輸入另一個密碼。一份檔案從天際飛來眼前，醫生迅速翻閱檔案。執行長的檔案也經過一樣的手續傳過來。投資人和公司經營團隊一起屏息以待，等著醫生判讀檢驗結果，而且無不希望兩人政躬康泰，公司股運昌隆。

雖然故事的時空已經延伸到未來 10 年，但這可不是科幻情節，是已經發生的和總要發生的實況預演。從宣布完成人類基因體序列初稿到今天，都已經快 20 年了，這些年來的基因體研究，一方面讓我們明瞭基因的交互作用太複雜，超乎想要簡單理解人類的期望甚遠。然而另一方面，檢驗 DNA 的技術則持續進步中，理解基因體不再是不可能的事，準確度越來越高，速度越來越快，花費越來越少。實驗室分析 DNA 的技術和日漸豐富的生物資訊，開拓了科學研究的廣度及深度，這方面的成就不必懷疑。在疾病防治上，才初露曙光。雖然如此，這些技術衍生的商品已經蠢蠢欲動，許多意義還不明確的檢驗或誇大效果的療法，可能正循著醫療或非醫療的管道，伸出觸角，探索消費者的錢

包。但是終有一天，在取得足夠的樣本和數據之後，會是防治疾病的利器。

　　人類基因體是人類所有遺傳物質的總和。從一顆微小到肉眼幾乎看不見的受精卵開始，分化成長到約一百兆個細胞的成人，其間所有的工程，都是基因體逐一下達指令及發包執行。環境變遷的時候如何因應，生病的時候如何維修，完全看基因體有什麼方案而定。從生物演變的歷史看來，人類生存的環境、飲食，以及前所未有的長壽，都是對基因體嶄新的挑戰，許多疾病是基因體應付不來的結果，例如癌症、複雜疾病等等。科學昌明之後，科學家想要利用醫藥解決基因體無法解決的難題，這就必須探究基因體的細節。由於基因體是一長串數位化的密碼，要瞭解基因體最基本的工作就是解開這一長串的，有 32 億個字母的 DNA 序列。

　　自從瑞士科學家米歇爾於 1869 年發現核素以來，許多科學家一直對這個物質的功用深感興趣，也逐漸明白那是一種跟蛋白不一樣的，富含磷、沒有硫的酸性物質。接著科學家又確認了構成核素的鹼基和五碳醣，加上更早就知道的磷酸，構成 DNA 的成分都破解了。但是 DNA 的功用則要到 1944 年才證實。那一年，醫生改行研究工作的艾弗里，發現病菌經過滅菌溶解後，溶液中會有一種能夠讓無害的細菌轉型變成病菌的物質，這種物質不會被醣的分解酶、蛋白質的分解酶，或 RNA 的分解酶破壞，唯有 DNA 的分解酶可以讓它失去轉型能力。因此知道這種可以轉移性狀的物質（也就是基因）是由 DNA 構成。

華生與克立克劃時代的原文

　　下圖是發表於 1953 年 4 月 25 日《自然》的 DNA 雙螺旋分子模型原文，全文僅約八百字，卻是開啟現代分子生物學大門的一把鑰匙。華生和克立克提出遺傳分子 DNA 由雙股核苷酸鏈構成，就像循右手旋轉的旋轉梯一樣，稱之為雙螺旋。旋轉梯的每一階都是由鹼基 G-C 或 A-T 配對形成（在 RNA 則是 G-C 或 A-U 配對），鹼基序列暗藏著生命的密碼。

　　由於這種特定的配對，如果解開雙螺旋成為兩股，就可以根據舊股合成新股，產生兩個與原始序列完全一樣的雙螺旋。

　　他們的發現承接一百年來遺傳學的研究，開啟現代分子生物學研究的新紀元。

1953年華生及克立克發現DNA的雙螺旋結構，開啟分子生物學研究的大門。DNA雙螺旋構造的祕密解開後，現代分子生物學研究正式登場。只是面對龐大的分子資訊和研究成果，還是很難拼湊成容易理解的全貌，需要高效率的檢查方法和高速電算技術解析DNA序列，才可能進一步研究這個序列代表的意義。

科學的腳步急劇前進，無數發明指向DNA祕密的解讀。1977年桑格發明DNA定序法，80年代中葉胡德設計的DNA自動定序儀問世，於是有科學家大膽提議分析人類基因體。

1986年人類基因體計畫的正式討論在冷泉港實驗室例行年會上公開露面。第一次的討論，科學家們的立即反應相當分歧，反對意見主要是擔憂龐大的研究經費換得的可能只是一堆無用的資訊——因為基因體當中充當蛋白密碼的序列只占1%～2%。對鼓吹基因體解碼的樂觀看法，有人認為那和英國維多利亞時代，熱汽球駕駛人建議要送人上月球沒什麼兩樣。也有些人擔心如果揭開人類遺傳的祕密，可能導致優生主義抬頭，為人類帶來納粹式的浩劫。還有人懷疑：已經長期習慣於個人化研究環境的科學家是否願意投入大型集體研究，從事枯燥、瑣碎的解序工作？

當然，與會的科學家中不乏贊成者，華生就是其中之一。華生當然贊成，正如他說過的：「我天生就好奇，喜歡有所解釋。如果你想對生命有所解釋，就一定得從生命的分子基礎著手。」

除了科學家廣泛討論人類基因體計畫的可行性外，美國能源部也積極投入，因為瞭解核能輻射對人類染色體的影響也是他們的研究任務。能源部健康環境研究室主張美國能源部應當積極參與分

子生物學的研究，並提供人類基因體計畫初期所需的研究經費。

　　1988 年，美國國衛院與能源部簽訂合作備忘錄，一起投入人類基因體的科技研究，任命華生為新成立的人類基因體研究中心負責人，帶領基因體計畫起跑，預定在 1990 到 2005 的 15 年間，採取國際合作將基因體完全解序。華生認為：人類基因體計劃解決的不僅是 ATGC 的序列，而且在各個層面來講都是人類所能獲得的最珍貴的知識之一，甚至可能回答與人性有關的，最基本的哲學問題。華生真是一個樂觀的人。

　　美國人類基因體計畫讓歐洲先進國家倍感威脅，為了不在生物科技上落後美國，為了防止美國壟斷資訊，英、法、德、義、丹麥等國紛紛成立研究人類基因體的專責機構。民間則以文特最積極，曾經參與越戰的文特，堅信「人生的每一分鐘都應該有所創新」，他先後建立私人的基因體研究所（TIGR）、賽雷拉基因公司、文特研究所，1991 年發表利用表現序列標籤尋找基因的霰彈槍測序法參與測序，2000 年和公家的人類基因體計畫聯合發表基因體草稿，2010 年 5 月合成人造細菌，是很有幹勁的創業家及生技專家。

　　中國、日本也不落人後，不但參與國際基因體計畫的定序工作，更致力於水稻基因體計畫，期望早日完成水稻十二條染色體的定序，做為植物基因體計畫的模型。他們的成就斐然，中日兩國各自在 2002 年同時發表水稻基因體草圖。台灣幸好有陽明大學為主的榮陽團隊參與國際基因體定序工作，才沒有在這重要的歷史性國際合作中缺席。

　　2000 年 6 月，國際基因體計畫與文特的塞雷拉公司聯合宣布完成基因體草稿，並於次年分別將成果發表於《自然》與《科學》雜誌。這時候領導國際基因體計畫的柯林斯描述這份草稿：

　　「它是一本歷史，記錄著人類時光旅行的故事。它是一本工作手冊，巨細靡遺地記載了人體每一個細胞的製造藍圖。同時它是一部不同於以往的醫學教科書，可以帶給醫療人員大量的預防、處置，與治療疾病的洞察力。」

　　2003 年 4 月 14 日，也就是華生與克立克提出 DNA 雙螺旋結構的 50 年後，國際人類基因體測序組隆重宣布：美、英、日、法、德、中科學家歷經 13 年的共同努力，人類基因體定序終於全部完成，比原訂計畫提早兩年多。這時候完成的程度是，99% 的基因區已經解碼，解碼的部分幾乎貫串整個基因體，只有一些當時的技術打不開的部分沒有解碼，準確度達到每一萬個鹼基錯誤少於一個。

　　人類基因體計畫與麥哲倫西航相互輝映。在麥哲倫之前，地圖上看不到的未知之地充滿著毒蛇與惡龍，直到他的船隊回到西班牙，證實地圓學說。毒蛇與惡龍不見了，取而代之的是其後數百年間的地球大發現。如今基因體序列已經完成，接下來的基因體功能大發現將是科學家最重要的任務。

　　1522 年麥哲倫船隊唯一倖存的船回到西班牙，殖民主義開始如火如荼展開。一百年後，台灣成了荷蘭的殖民地。基因體大發

現這幾年來，也險些成為新殖民主義的版圖。

　　1991 年波斯灣戰爭時，美國商業部抵制非盟邦進入國際基因體資料庫中使用電腦資料，理由是怕被對方用來發展生物武器。雖然健康總署認為這項禁令有違人類基因體計畫的宗旨，仍然無法讓商業部退讓。緊接著，1991 年中，健康總署開始對其研究的基因體序列申請專利，這件事不僅在美國引發廣泛爭議，也造成國際的不滿。所幸由於薩爾斯頓、華生等人的堅持，民間生技公司與政府單位才無法順利從基因體取得專利。華生為抗議政府這種違反科學的作為無異於霸占領土的行為，於隔年辭去人類基因體研究主持人的職務。

　　如果不是這些人的先知卓見，今天我們就無法與先進國家公開分享、自由閱覽、引用所有關於基因體研究的最新發現。更慘的是，如果有一天你需要做基因篩檢，工本費僅須一百美元的檢查，可能得付兩萬美元的專利費用——假使一個基因收你一美元專利費的話。

　　整個二十世紀的臨床遺傳學，幾乎純屬學術研究的範疇。自從人類基因體計畫在 2000 年完成初稿以後，DNA 的新時代已經來臨，我們對疾病本質的認識從此改觀，DNA 將為疾病提供新的解釋、新的診斷、新的療法，與新的預防策略。

　　如今醫學文獻幾乎不能不用 DNA 觀點審視研究的設計與解釋，那種鋪天蓋地而來的 DNA 科學浪潮，讓許多以自然科學為業的人幾乎來不及看懂相關報導，甚至生物科學出身的人也快要無法回答「什麼是基因體？」、「基因體 DNA 的大小是？（你

是說染色體嗎？不，DNA!)」、「你知道 DNA 序列除了 ATCG 以外，還有一種甲基化的 C 嗎？」、「你知道 RNA 可以干擾基因的功能嗎？」、「你知道人造基因可以讓已經分化的細胞變成幹細胞嗎？」、「你的生命之書基因體有一些錯誤，有辦法改寫嗎？」……。為什麼？不是用不用功的問題，實在是學問太新、變化太快了。

有人說，現代人不會上網找資訊、不會收發電子郵件，就算是一種文盲。照目前 DNA 科學發展的規模看來，學習自然科學的人如果不能清楚瞭解近年來 DNA 科學的進展，也會落入看不懂生物學最重要文獻的窘境。

我們何其有幸，親身經歷了這個知識史上最偉大的時刻，誠如《23 對染色體》的作者瑞德利所說的：

「在此之前，人類的基因幾乎是一個完全未知的謎團，我們卻即將成為破解這個謎團的第一個世代。我們站在偉大新發現的邊緣，同時，我們也即將面臨重大的新問題。」

我們來重新認識 DNA 吧。本書回顧了 DNA 科學的主要進展，介紹了基礎生物技術，以及一探 DNA 科學終極目標之一的「基因療法」現況。除了基本知識，並且蒐集最新資料，深入探究 DNA 科學新秀、極有可能成為下一波醫療革命主角的 CRISPR 基因編輯，期許能為讀者做一次 DNA 世界的深度導覽。

※ 本書斜體代表基因（如 *G6PD*）；若為同名正體字（如 G6PD）則代表蛋白。

1

人類的生命之書
——基因體

　　人類基因體究竟是什麼？你我的身上都有基因體嗎？是抽象的概念還是實質的東西？基因體就是染色體嗎？是基因的總合，還是除了基因另有其他成分？

　　人體由許多細胞組成，每個細胞都有個標準作業程序，指引細胞應該扮演什麼角色、怎麼扮演、如何生、如何死，基因體就是記載作業程序的地方。我們的身上都有基因體，而且每個人都很相似。基因體是生物體所具有的一切遺傳物質的總和，藉著核苷酸以數位的方式鉅細靡遺記載人體構成與操作的秘密。基因體資訊跟電腦資訊有類似的地方，例如它們都很適合記錄大量的信息；也有很不一樣的地方，包括：電腦資訊紀錄在矽晶上，有〇、１兩種數位符號，人類基因體資訊則記錄在 DNA 上，DNA

的基本組成分子有四種核苷酸，它們就是四種數位符號。此外，細胞內的基因體可以主宰複製，電腦矽晶則不行。

人類基因體計畫解開人類的DNA序列DNA序列

DNA 由去氧核醣、磷酸、含氮鹼基 TCGA 組成。穩定性高，是人體遺傳信息的本尊。RNA 由核醣、磷酸、含氮鹼基 UCGA 組成，穩定性不如 DNA，是 DNA 的分身，在人體扮演信使、構築蛋白的施工者與調節基因的角色。

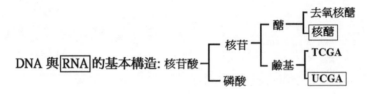

下圖是 DNA 的雙螺旋結構，兩股之間相對的鹼基有固定的互補關係。合成新的 DNA 時，兩股分開並各自當作新股的模版，製造出兩個雙螺旋。

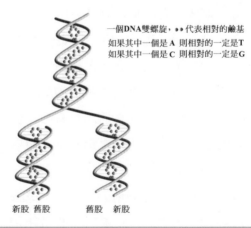

一個DNA雙螺旋，●●代表相對的鹼基
如果其中一個是 A 則相對的一定是 T
如果其中一個是 C 則相對的一定是 G

利用舊股合成新股
形成兩個雙螺旋　　新股 舊股　　舊股 新股

　　由於基因體是從生物最早的祖先一代傳一代，經過無數次的修改增刪，歷經天擇的考驗遺傳至今，因此研究基因體可以回溯人類的演化歷程，可以推測祖先與疾病搏鬥的紀錄，也可以預測基因體的主人是不是比較容易罹患癌症、心臟病、中風，或是憂鬱症等等。以後甚至可以按圖索驥，從 DNA 端粒的長度與抗老化基因的版本一窺壽命的天機。

　　但是基因體不像故事書一樣容易閱讀，可以說是一本編排十分雜亂的故事書。基因體裡面有許多有用的東西，譬如基因；有更多看不出有什麼用的片段，必須深入瞭解基因體的組成以後，才有辦法進一步在複雜的基因體裡頭尋找珍貴的信息。

一、 基因體是記載在 DNA 上的細胞標準作業程序

一個人有兩套基因體

　　人類的一萬九千多個蛋白編碼基因疏密不一地分布在染色體上（圖 1-1）。這些染色體大略依大小順序排列成第 1 號到第 22 號，每一號有兩條，稱為體染色體；加上一對性染色體，即女性的 XX 或男性的 XY，共 23 對 46 條。這 23 對染色體位於細胞核裡面，合稱核染色體。

　　人類基因體計畫研究的對象，是 1 號到 22 號共 22 條體染色體、X、Y，和粒線體 DNA，這 25 個分子共 32 億鹼基對，構

成一組基因體。真是一套巨大的故事書啊！這套書有兩萬個故事（基因），分裝在 25 冊精裝書裡面（圖 1-2）。每個人的體細胞有雙套染色體，大約是兩組基因體。

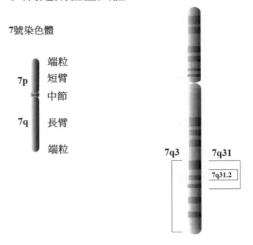

圖 1-1　染色體各部位名稱

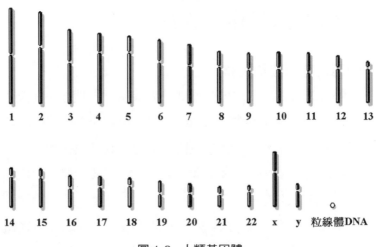

圖 1-2　人類基因體

表1-1：已完全定序生物的基因體和基因數量

物種	基因體大小*	蛋白編碼基因**
人類（*H. sapiens*）	32億	19,042
黑猩猩（*P. troglodytes*）	27億	19,000
小鼠（*M. musculus*）	26億	20,210
狗（*C. familiaris*）	24億	19,300
鴨嘴獸（*O. anatinus*）	22億	18,527
稻米（*Oryza sativa*）	3億8千9百萬	37,544
蚊子（*A. gambiae*）	2億7千8百萬	15,189
惡性瘧原蟲（*P. falciparum*）	2千280萬	5,300
酵母菌（*S. cerevisiae*）	1千210萬	6,607
大腸菌（*E. coli*）	460萬	3,200
愛滋病毒（HIV）	9100	9

* 基因體大小是指單倍基因體的鹼基對數量。
** 蛋白編碼基因的數量因為很難估算，不同的文獻會有不一樣的數值，僅供不同物種之比較，不必固守這個數字。（參考資料：新英格蘭醫學雜誌 N Engl J Med 362; 21 May 27, 2010）

　　從艾弗里發現基因是由 DNA 構成，至今人類基因研究雖然已經進行了七、八十年，基因體學還是新生的嬰兒。目前所估的兩萬個基因當中，大部分基因的功能還不清楚。

　　每一個人有兩套基因體，兩套基因體就像是分別從父母親獲得的兩套大部頭故事書。兩套的好處是可以互相參照，如果其中一套有些章節脫落遺失、語焉不詳或牛頭不對馬嘴，還好有另一

部可以閱讀。這兩套遺傳物質不會完全一樣，好比車子雖然都是由引擎、傳動系統、輪胎、鈑金所組成，但是不同廠牌的產品有性能與結構上的差異。

　　擁有兩套故事書的每個人要為下一代準備一套故事書，述說著一樣的故事。這時候就要根據手上這兩套故事書剪剪貼貼，弄成完整的一套，存放在精子或卵子裡面交給下一代，這個過程就是減數分裂。減數分列（一個細胞兩套分裂成兩個細胞各一套）必定要剪貼（重組）。剪貼的結果可以有無數種版本，每個版本都不會完全一樣，所以就算是親兄弟姊妹也不會擁有完全一樣的故事書。就算同一個人，每一顆精子或卵子攜帶的那一套故事書也都是獨一無二的版本。

　　基因體故事書完全用數位方式寫就，要閱讀這套書需要特別的解碼器。就像播放數位影片或數位唱片需要播放器一樣。我們現在有的是這一套故事書的數位資料，但還沒辦法解讀全部的內容。基因體解碼之後，我們才知道故事書除了述說的故事本文（基因）以外，還有太多神祕的段落，它們究竟暗藏什麼秘密仍然令人費解。

　　基因體解序完成之後，美國人類基因體研究所緊接著提出了一個「DNA 元件百科全書」研究計畫，希望找出人類基因體中所有的結構和功能元件，編纂成完整的人類基因體「元件目錄」，它的內容除了包括編碼蛋白質的基因以外，還有不是編碼蛋白質的基因、轉錄調控元件，以及調節染色體結構和動態活動的功能序列。這項工程可以讓我們更方便瞭解基因體中基因及基

因以外的部分，究竟如何參與構築人體。

基因功能透過RNA或蛋白質實現

基因是由親代傳遞給子代的功能與物理單位。基因由 DNA 構成，大部分的基因是製造蛋白質的作業程序。基因的 DNA 先轉錄成 RNA，再由 RNA 轉譯成蛋白質。DNA 和 RNA 都是核酸，RNA 是核醣核酸，D 代表組成核酸的核醣分子去掉了一個氧（deoxy），DNA 是去氧核醣核酸。如果人體是一棟建築物，那麼蛋白質不但是建材，也是建築工人。而基因就是人力調度中心、建築圖，與糾紛的仲裁者。

基因序列占基因體總長的 25%，其中表現序列是蛋白的密碼，占 1% 多一點；介於表現序列之間的插入序列則占 23.5%（圖 1-3）。

在基因體這一部豐富的故事書裡面，基因是書中的單篇故

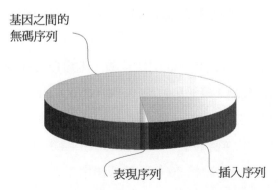

基因之間的
無碼序列

表現序列　　　　　　插入序列

圖 1-3　基因由表現序列和插入序列等構成

事，只是述說故事的文字用的是數位化的 ATCG 等核苷酸數碼來編寫。故事由幾個嚴謹的段落構成，這些段落就是「表現序列」，可視為基因的第一層結構。1961 年尼倫伯格首度以人工設計已知序列的 RNA 為模版，在試管中組合胺基酸成為蛋白質，這樣就解決「DNA—RNA—胺基酸」的對應關係了，從此人類就知道表現序列任意三個一組的核苷酸數碼代表的是什麼胺基酸。這三個一組的相鄰核苷酸稱為密碼子，密碼其實早已是明碼。

故事的段落與段落之間有奇怪的文字，也就是「插入序列」，可以視為基因的第二層結構，主要是調節基因的功能，其中一部分是播放故事的開關，大部分則宛如神祕的咒語。

有些基因轉錄成 RNA 以後就不再轉譯了。以前科學家告訴我們基因就是蛋白質的密碼，後來才發現，DNA 轉錄來的小型 RNA 就有很重要的功能，有的 RNA 還有酶的功能，例如細胞裡面負責合成蛋白質的核醣體，不但能讀基因密碼，也能組合胺基酸成為蛋白質，它的主角就是 RNA。近年來，科學家還發現小型 RNA 具有類似基因開關或調控的功能，也有些 RNA 執行酶的功能。

基因的長度可以只有 100 個核苷酸，也可以長達數百萬個核苷酸。核苷酸由核醣、磷酸和鹼基（A、T、C、G 等任一種）組成。由於三個相鄰核苷酸構成一組密碼子，因此總共有 4×4×4=64 種組合可以用來當作密碼子。64 組密碼子扣除 3 組當作終止轉譯工作的密碼，還有 61 組給 20 種胺基酸使用。

大部分的蛋白是從甲硫胺酸起頭，因此甲硫胺酸的密碼

子（在 RNA 上是 AUG）也可以稱為起始密碼。其他每一個胺基酸可以有 1 ～ 6 個密碼，有時候核酸發生突變，例如 UAU 突變成 UAC，沒關係，這兩組都是酪胺酸，不會影響構成蛋白質的組成，生物體表現型完全沒有變化。多重密碼也是生物維持正常功能的彈性策略。

剪接作用讓一個基因產生多個RNA和蛋白質

比起老鼠的兩萬一千個基因，線蟲的一萬九千七百個基因，果蠅的一萬三千六百個基因，體型和功能複雜得多的人類兩萬個基因怎麼夠用呢？

原來細胞在合成信使 RNA 的時候有一種剪接機制，可以讓一個基因不只製造一種蛋白，因此兩萬多個基因就可以製造種類達幾十倍的蛋白了。

剪接機制讓一個基因在轉錄成 RNA 再轉譯成蛋白的過程中，可以挑選其中一部分表現序列進行轉譯（圖 1-4）。例如一個基因含有五個表現序列 1-2-3-4-5，在特製的鑰匙（活化者，一種蛋白質）找到基因的鎖（啟動子，一段 DNA）以後，基因被開啟，隨即召喚轉錄機器（主要是 RNA 聚合酶），把基因轉錄成包含表現序列及插入序列的原 RNA（1-2-3-4-5）；由於插入序列裡面暗藏剪接的指令，在外來信息的調節之下，會選擇原 RNA 一部分表現序列接合成真正的信使 RNA，可能是 124，也可能是 1235 等等。

以食譜為例，假設一份牛肉麵的食譜分成幾個段落，例如：

（1）取多少麵條；

（2）煮多久；

（3）加多少牛肉湯；

（4）加幾塊香噴噴的牛肉；

（5）加多少青菜及調味。

這份食譜完全表現是牛肉麵，但是也可以選擇 125 做成乾麵，或 1235 做成牛肉湯麵，悉看客倌要求。所以一份食譜不是

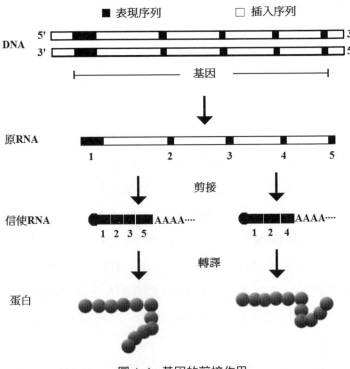

圖 1-4 基因的剪接作用

一道菜而已，不同的料理可以共用一份食譜。一個基因也不只是一個蛋白，外來因素的調節就像客倌點菜，可以決定基因的表現，不僅決定產品的種類，也決定產量。經過剪接後兩萬個基因產生約十萬種蛋白，再經過轉譯後的修飾，例如蛋白解離、磷酸化，或醣化作用等等，可以產生約 100 萬種蛋白質。

　　人體細胞所轉錄的 RNA 約 30% 左右有經過剪接。值得注意的是，細菌跟古菌沒有細胞核，DNA 在細胞質中一邊轉錄 RNA，RNA 就一邊生產蛋白了。動植物跟真菌才有細胞核（即真核生物），在細胞核裡面 DNA 派出分身 RNA，經過剪接成信使 RNA 出勤到細胞質去，才開始製造蛋白。人類一個基因裡有 95% 的插入序列，它們是非常精密的調節網絡，控制著生物時鐘、分化、凋亡等等，所以有限的基因可以有無窮的變化。華生在很久很久以前就說過：生物界最重要的分野在於有沒有細胞核。那真是天才的洞見。

二、 基因可以剪接、可以開關 和調節強弱

　　基因的表現需要調節。生物體並不是擁有一樣的基因就會有一樣的表現，基因是對外在因素的調節非常敏感的數碼。位處細胞核心的基因依賴遠方的信息來決定要不要表達，以及表達的強度為何。基因調節區可以分為幾個重要部分，例如啟動子、強化

子、沉默子；從名稱就可以知道作用了。不同的蛋白結合上這些位置，可以短時間操控基因的表現，就像我們操作音響一樣，有需要就開一下，開了還要調節音量。但是長時間的基因控制呢？

科學家發現甲基化是長時間關閉基因的辦法。基因 DNA 的胞嘧啶（C）被甲基化以後，變成基因信息或調節角色的絆腳石；如果甲基化的位置在啟動子，基因就無法啟動了；如果在沉默子呢？基因就會過度表現，宛如煞車失靈。甲基化是一種長時間的調節機制，例如細胞分化成白血球或紅血球，分別有不同的基因要關閉，這時就要用到甲基化。

另外還有一個調節基因的武器，名為「RNA 干擾」，意思是一段長約 21 個核苷酸的雙股 RNA，可以抑制或分解具有相同序列的信使 RNA，讓它失去作用。RNA 干擾在植物很重要，因為植物沒有類似人體的免疫細胞和球蛋白，外來病毒的核酸分子必須用這個辦法解決掉。在人類也很重要，有些疾病可以利用 RNA 干擾治療，近日更發現，有的疾病可能就是病毒利用 RNA 干擾關閉人類基因表現的結果。本書第三章及第四章會專門介紹甲基化和 RNA 干擾。

現在已經沒有基因決定論的信徒了，基因就像是食譜，真正做料理的是現場廚師。遠方的信息（例如荷爾蒙或生長素）可以調節基因的表現，生物體的需求、環境、心理因素，都會影響調節。人不是機器，如果以為透過基因體就可以掌握人的生理、心理、社會的功能，未免過度樂觀或過度悲觀。用這類說法當做限制科技發展的藉口更令人氣餒，因為科技發展的目的就是要促

進人類的幸福與公平,當社會制度(例如保險制度)跟不上科技的腳步時,借助知識的力量尋求更好的制度,才是唯一的解決之道。如果想要以遏止科技發展當做解決問題的方法,不僅徒勞無功,也澆熄了需要高科技幫助以克服殘疾的人的希望火苗。

三、基因體的重複片段

基因與基因之間的非編碼區占基因體總長的 75%。如果有一段 DNA 長度超過 50 萬個核苷酸都不含基因的話,稱為基因荒漠,基因荒漠大約占染色體的 20%。可別小看這些荒漠,以人類第 5 號染色體為例,荒漠裡有許多序列是早自雞、鼠、黑猩猩就有,演化的過程一直保存的序列,甚至比蛋白密碼序列還穩定。這表示它們的存在是維持物種生存所必備的,只是這些段落究竟有什麼作用,還有待挖掘。

衛星

在人類的 DNA 裡,有許多種各式各樣的重複片段,它們占染色體總長的 2/3 以上(圖 1-5)。重複片斷又可以依片段的長短,分成「微衛星」(1 ～ 5 個核苷酸重複成串)、「小衛星」(6 ～ 50 個核苷酸重複成串),和「衛星」(可達數百個核苷酸重複成串)。微衛星及小衛星主要集中在中節(或稱著絲點)和端粒附近。已公布的人類基因體圖譜不包含端粒及中節這些構造緊密

圖 1-5　人類基因體大部分由重複的段落構成

的異染色質，一般相信這裡沒有基因功能。中節附近的重複片段
可能有助於細胞分裂時的配對動作，而端粒（重複的 TTAGGG
及互補的 CCCTAA 片段），則可以保護染色體的兩端，使它們不
容易毀壞。

核醣體

　　人類基因體含有數百個核醣體 RNA 的基因。核醣體是專門
製造蛋白質的機器，它們的基因是重複片段。除此之外，還有一
種 75 ～ 500 個核苷酸的短的介入成分，和一種長可達 6500 個
核苷酸的長的介入成分。大部分的介入成分也可以稱之為跳躍的
基因，或是轉位子，這是一種可以在不同染色體之間跳來跳去的
DNA 片段。

跳躍的基因

　　跳躍的基因源起於反轉錄病毒。這種病毒具備一種特異的
能力，它們進入人類的細胞後，能夠把本身的 RNA 反轉錄為

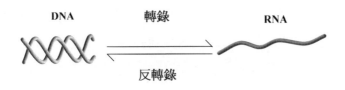

DNA　　　　轉錄　　　　　　　RNA

反轉錄

圖 1-6　轉錄和反轉錄

DNA，進而插入人類 DNA（圖 1-6）。如果插入的片段找到機會轉移到基因體其他部分，就可以稱為轉位子。所有生物的基因體都有轉位子的蹤跡，譬如，人類或者玉米的轉位子就占所有DNA 的 50% 以上。轉位子的含量在不同的生物之間有很大的差異，果蠅或是酵母菌的基因體就只有少量的轉位子。

　　轉位子在基因體內跳來跳去的結果，是有些基因的表達被改變了。《玉米田裡的先知》麥克林托女士，發現玉米粒的顏色在一代一代之間變化得太快了，甚至有的玉米粒從小到大還更換了顏色，這種現象不是以往所知的突變可以解釋的，於是提出玉米紫色基因被轉位子（Ds）嵌入，使玉米粒變成黃色的假說：因為玉米粒的外殼無法合成紫色素，使玉米粒呈現內部細胞原來的黃色；如果插入紫色基因的轉位子離開了，則玉米粒又可以合成色素而呈紫色。這個假說在 20 年後才得到實驗證實。

　　在這之前，科學界所知的染色體構造是摩根（美國遺傳學之父）提出的珍珠項鍊模型，基因一個個規規矩矩固定成串。麥克林托的轉位子學說突破這個模型，原來基因是可以跳躍的。她指

出跳躍的基因可以在環境艱難的時候，讓生物體迅速產生表現型的多樣性，以利天擇。如今我們知道，轉位子的移動是許多生物突變最主要的原因。人類的遺傳疾病當中，轉位子也扮演了重要的角色。

寄生在基因體的L1/Alu

在人類的基因體裡面，有兩個最常見的轉位成分：一種稱為L1 的長的介入成分，有 50 萬份，及一種稱為 Alu 的短的介入成分，有 100 萬份。它們共占人類 DNA 的 27%。它們是潛伏在基因體的百萬雄師，來自遠古一次跳躍，嵌入人類祖先（可能是一隻魚嗎？）的生殖母細胞基因體裡頭。之後經過漫長的歲月，這種核酸逐漸複製及插入宿主基因體其他地方，累積成為今日的規模。L1 存在於包括老鼠在內的脊椎動物細胞，而 Alu 較晚才加入，靈長類及人類才有。

人類每一個細胞裡面塞進這麼多外來的核酸，它們對人類有任何幫忙嗎？也許在險惡的環境中，提供了基因體的多樣性，使生物體在演化的壓力下多一些出口；也或許，它們只是基因體的寄生蟲而已。

寄生蟲會造成宿主的疾病，Alu 偶爾也會。例如神經纖維瘤（一種顯性遺傳的疾病），患者皮膚會出現許多個咖啡色母斑及神經纖維瘤，嚴重時會癲癇、失明，甚至變成「象人」般的外表。這是 17 號染色體的基因（*NF1*）壞掉的結果，基因壞掉的原因當中，有些是 Alu 插入造成的破壞。

端粒的長度限制了染色體的複製能力

　　每一個染色體的兩端，大約有兩千個端粒。但是每一次的細胞分裂都會損失一些端粒，所以大部分的細胞沒辦法無止盡的分裂，除非它能補充端粒的長度。

　　人體有少數細胞不會隨著分裂減少端粒的長度，因為這些細胞有端粒酶，可以補長端粒。幹細胞或母細胞就有這種能力，癌細胞也有這種能力。癌細胞是分裂與分化失控的異常細胞，可以無限繁殖，其中一個條件是突變產生活化的端粒酶。

　　美國加州的生技公司 Geron 致力於端粒的研究與發展，如果能打開癌細胞不死與正常細胞老化的糾結，讓癌細胞的端粒不再補長、停止分裂，或是讓端粒已經太短無法再分裂的老化細胞取得延長的端粒，變成年輕的細胞，將是生物技術最重大的突破。

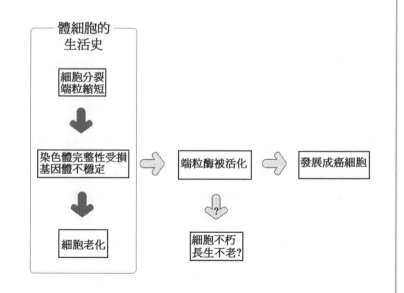

L1 是人體細胞反轉錄酶的主要來源。利用 RNA 製造 DNA 叫做反轉錄，這酶可以反轉錄 L1 的 RNA，也可以反轉錄其他基因的信使 RNA，製造出互補的 DNA，伺機跳入基因體。基因體有 10% 由特殊的長鏈核苷酸構成，每一段長度超過五千個核苷酸，是長得很像基因卻不具基因功能的影本，可以出現在與正常基因原版不同的染色體上，稱為偽基因。偽基因沒有功能，卻讓研究者吃足了苦頭，因為如果用信使 RNA 序列回頭尋找基因，有時候找到的其實是偽基因。偽基因的來源就是 L1 的傑作，但是偽基因沒有啟動子等調節序列，所以根本不能發揮基因的功能。L1 的反轉錄酶還有一般反轉錄病毒所沒有的能力：它可以在基因體切出一個缺口，作為反轉錄的起點及插入點。這正是 L1 可以在我們的基因體裡面複製和跳躍的關鍵。

Alu 的複製也是靠 L1 的反轉錄酶。Alu 本身不具任何基因功能，如果說 L1 是基因體的寄生蟲，那麼 Alu 不但是基因體的寄生蟲，也是 L1 的寄生蟲。Alu ／ L1 的合作，使它們變成了潛伏在人類基因體內的百萬雄師。

人類基因體內還有一種 Mer ／ L2 的合作，它們已經一億年沒有複製自己到處跳躍了，它們就像是 DNA 公司裡面懸掛在牆上的褪色黑白照片，也可以說是堆積在 DNA 裡面的化石；這種化石占據了人類基因體的 5%。

你會因為我們的基因體裡頭有這麼多奇奇怪怪的寄生蟲而渾身不自在嗎？想開一點吧，如果不是這些寄生蟲，基因體沒辦法快速變化，我們可能到現在還是一隻軟體動物哩。

四、粒線體 DNA 暗藏母系祖先信息

粒線體疾病的特性

人類細胞內除了體染色體和性染色體之外，還有粒線體DNA（圖 1-7）。粒線體位在細胞核外細胞質裡頭，是細胞的發電廠，產生的能量以腺苷三磷酸（ATP）的形式儲存。腺苷三磷酸就像是電池，電池用過變成腺苷二磷酸，回收補充能量，又變成能量飽滿的腺苷三磷酸。

細胞內可以有幾百到幾千個粒線體，每個粒腺體可以有好幾個 DNA。不同種類的細胞所含的粒線體數目不一樣，而且差異很大。神經、肌肉、骨骼，及內分泌細胞富含粒線體，心肌細胞更是擠滿了粒線體，占細胞體積的一半。

精子只含少許細胞質，粒線體極少，集中在尾巴根部。卵子含有大量的細胞質，粒線體甚豐。精子穿透卵細胞注入 23 條染

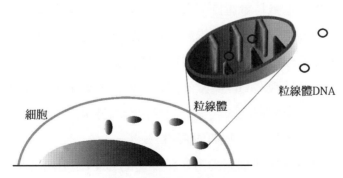

圖 1-7　粒線體有自己的 DNA

色體時，粒線體不會隨之進入，而且卵細胞本身也具備清除精子粒線體的功能。因此，受精卵只含有母系的粒線體，粒線體是純母系遺傳。有人曾發現由爸爸遺傳來的粒線體疾病（一種不耐運動的肌肉病變），算是罕見特例。

自從 1981 年科學家發表粒線體 DNA 序列以來，已經發現許多疾病是粒線體 DNA 異常所造成。粒線體 DNA 呈環狀，只有 16500 對核苷酸，粒線體和細胞核共 70 多個基因的產物共同構成粒線體有氧呼吸鏈，那是生物體產生能量最有效的機器，也是單細胞生物進化成複雜的多細胞生物的關鍵。有了這個高效能的發電機，細胞才可以生產超出基本生存所需要的能量，讓生物嘗試進行需要耗費大量能量的活動，譬如心臟的收縮、大腦的思考、快速的運動。粒線體的功能仰賴這麼多粒線體基因與細胞核基因的共同作用，兩者的突變都可能造成粒線體疾病。

每一個體細胞只有兩套核染色體，卻有千百個粒線體 DNA。細胞行有絲分裂一分為二的時候，兩個子細胞分配到對等的核染色體，但是粒線體則不對等，或許很多、或許很少。有趣的是，只要細胞裡有幾個粒線體，它們就會自行複製到約莫與母細胞等量的粒線體為止。這是不是很像細菌？可以想像遠古的時代，有一隻善於製造高能量分子腺苷三磷酸的細菌進入真核細胞裡面，那隻細菌與細胞內共生，攜手合作的結果變成超能新款細胞，那一隻細菌就演化成細胞裡的粒線體。

一般而言，每個細胞內所有粒線體的 DNA 在出生時都是一樣的，但是若有一個粒線體 DNA 發生突變，則可能繁殖成更多

突變的粒線體，而與「正常」的粒線體共存於一個細胞質內，這種情形稱為「異質性」。罹患粒線體疾病的人，細胞內突變的粒線體必須超過一定的量才會致病。

　　人類的卵子含有 10 萬個粒線體，母親的生殖母細胞有一些突變型粒線體的時候，她的每一個卵細胞所含的尋常型（學術上叫野生型）與突變型粒線體的比例都不一樣，因此產生粒線體疾病的特色，就是同一個家族裡面，罹患粒線體疾病的人，嚴重程度差很多。同時，同一個人不同器官及組織的粒線體尋常型與突變型的比例也不同，因此同一個家族裡面可能有人以糖尿病來表現，而另一個人則以眼球運動麻痺為唯一出現的症狀。

　　就像色盲或血友病通常都出現在男性，因而知道這是一種 X 染色體隱性遺傳疾病。同樣的道理，如果觀察到有一種家族疾病，循著母系遺傳，有各種不同的嚴重程度時，就要考慮是不是粒線體疾病了。

粒線體DNA適合做人類學研究

　　粒線體 DNA 比較容易突變，這是因為粒線體是能源中心，功能恰好跟葉綠體相反：葉綠體把太陽能轉換成葡萄糖，粒線體把葡萄糖轉換成能量，這個轉換需要動用電子傳遞鏈。傳遞的過程如果沒有正確捕捉到電子，逸出的電子與氧分子結合，變成超氧自由基，自由基很容易破壞鹼基，造成 DNA 突變。粒線體 DNA 突變的頻率是核染色體的十倍。這個特點讓粒線體可以用來追蹤比較小的族群的遷徙。

其次,粒線體數量很多。一個細胞只有 23 對染色體,卻有千百個粒腺體 DNA。在取得不易的古代遺物中,分析粒線體有比較高的成功機會。再者,粒線體是母系遺傳。正如 Y 染色體是父系遺傳一樣,這兩個大分子都沒有經過基因重組,適合做血統研究。

兩個族群在演化的路上分道揚鑣之後,會各自累積突變,DNA 就越來越歧異。從化石的證據知道,人類與黑猩猩大約在六百萬年前分開演化。化石已經無法取得 DNA,聰明的科學家比較現代人與黑猩猩的 DNA,從現代人與黑猩猩現存 DNA 的差異,推算出每經過多少時間會產生一個核苷酸突變,這就是 DNA 分子時鐘。

除了基因外,粒線體 DNA 有一小段約一千兩百個核苷酸的控制區,控制轉錄與複製。粒線體 DNA 控制區的核苷酸多樣性一代傳一代,大約每四十代會產生一個新的突變,很適合作為人類遷徙的研究。

從現代人的粒線體 DNA 控制區多樣性,柏克萊大學的威爾森推論,所有人類粒線體的共同祖先,也就是粒線體夏娃,15 萬年前在非洲出現。1997 年,他的學生巴博從一具 4 萬年前的尼安德塔人遺骸分離出粒線體 DNA,由於這個序列與現代人歧異太大,確定尼安德塔人不是現代人的祖先,是演化樹上另一個分支,在 60 萬年前就與現代人的祖先分開來了。之後又過了 45 萬年,粒線體夏娃才誕生。

　　從 DNA 觀點可以推論粒線體夏娃的生存年代，那有沒有辦法尋找她到底是哪裡人呢？聰明的科學家知道，一個族群存在越久，累積的變異越多，DNA 的多樣性就越繁複，這是分子時鐘的觀念。現代非洲人的多樣性最繁複，是累積 15 萬年突變的總合。歐洲人的多樣性只有非洲人的一半，表示歐洲人存在的時間只有非洲人的一半。亞洲人多樣性的種類則介於非洲人與歐洲人之間，與考古學所見遠離非洲的現代人先來到亞洲定居的證據相符。

　　如果繪製變異樹狀圖，一步一步把突變的過程繪製出來，可以發現所有變異的根只存在於非洲，非洲以外的人沒有這種原型。其次，亞洲人與歐洲人的 DNA 多樣性也出現於部分非洲人，但是歐亞之間則有些互不重疊的變異型，符合亞洲人與歐洲人是分別從非洲出走的說法。

　　利用粒線體的 DNA 序列形態可以追蹤人類遷徙的途徑（圖 1-8）。依照華萊士的研究，非洲人的粒線體 DNA 都屬於 L 世系，又分三支，L3 是最年輕的一支。L3 離開非洲形成兩大枝幹，一大支進入亞洲後分成七個族群，其中一部分後來進入美洲。另一大支遷徙到歐洲後又逐漸形成九個族群。L1、L2 及 L3 的十六個分支共十八個粒線體單倍型族群（也可以稱之為夏娃的十八個女兒們）構成當今人類的粒線體族譜。若再加上 Y 染色體的十個單倍型分支（亞當的十個兒子們），就是追尋人類遷徙足跡最好用的分子族譜了。

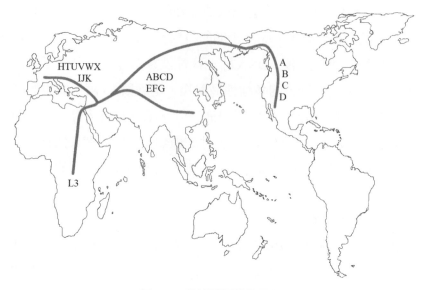

圖 1-8　粒線體遷徙的路徑

　　在衣索匹亞境內有一個每邊長五百公里的三角型沖積平原，每年雨季來臨時，平原表面的泥土被沖走一些，泥土裡面的秘密就洩漏一點出來，這些秘密吸引了許多考古學家前來。1997 年，有三具人類或原人的骨骸化石在赫托（Herto，圖 1-9）出土。

　　2003 年懷特及克拉克在《自然》期刊發表研究的結果：這批化石比我們現代人的頭型稍微狹長一點，腦容量則一點也不差，是與現代人最接近的原人。最神奇的是，用放射性同位素（40Ar／39Ar）鑑定的結果，他們生存的時間，是在 15 萬 6 千年前到 16 萬年前之間。這不正是粒線體夏娃誕生的前夕嗎？這樣說來，衣索匹亞遺骸就是夏娃的尊親了。

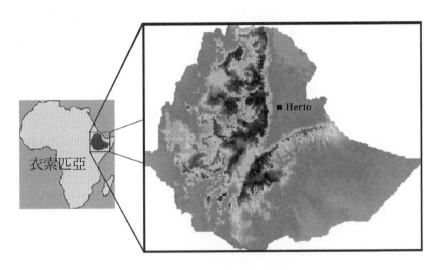

圖 1-9 科學家在赫托發現最接近現代人的原人

　　在寂寞的考古學實驗室與 DNA 實驗室裡頭，戰戰兢兢的科學家不約而同見證了人類誕生的關鍵時刻。赫托竟是我們現代人共同的祖籍？

2 繽紛的基因體多樣性

人與人之間是大同小異的。以基因體的觀點來看，是千分之九百九十九的大同，千分之一的小異。

只要是人，幾乎都會有同樣的構造與相近的本能；但是每個個體又有許多差異——高矮胖瘦各不相同，膚色不同，有些人會罹患精神疾病，有的人容易罹患癌症。沒有血緣關係的兩個人的基因體，不算男女性染色體差異的話，大約有千分之一的差異，這個差異讓每個人成為獨一無二。

人類基因體圖譜是大同，記載著人之所以為人的配方；千分之一的差異是小異，使每個人各自具有獨特性。人類基因體解碼後就可以探索這些小異，想辦法彌補基因的不足，未來甚至可以修補造成疾病的基因。這正是克立克話中的深意：「生命幾乎都

是在分子層次建構的，假如不認識分子，我們對生命只能有粗淺的瞭解。」

一、突變的效果

突變是指 DNA 序列永久的改變。既然生物的每一段 DNA 都是從親代遺傳下來，如果拿親子兩代的 DNA 序列來對照的話，子代每一個 DNA 片段應該都可以在親代找到完全一樣的序列。但是實際上，DNA 複製的時候多少會出一點差錯，這一點差錯讓生物漸漸跟親代不一樣。突變的結果可能讓新的一代產生生理變化，這種變化也許剛好有利於生存，也可能讓生物出現疾病，甚至死亡。就無性生殖生物而言，DNA 突變是演化主要的原動力；有性生殖生物則除了突變，基因體透過性的力量發生混合，製造出跟親代有所不同的子代，突變和性都是演化的原動力。

突變讓基因變化出許多版本，每個版本的功能及表達強度有所差異。如果以大多數人擁有的版本當作尋常型（學術上稱為野生型），給它一百分，突變版的強度可能是零分，也可能是兩百分，或是其他分數。

例如國人常見的蠶豆症，問題出在製造抗氧化酶的基因（*G6PD*）。我們把各種版本的抗氧化酶依作用強度分為五組：從酶的活性幾乎完全喪失的第一組到活性超過一百分的第五組，

一個族群裡頭就會有各種組別的人。可見雖然所有的人類都來自共同的祖先，所有的基因都是由共同的祖先傳承下來，但是經過突變以後，一種基因卻可以有很多版本。

突變的方式有很多種，以 DNA 的構造來看，最常見的是一個核苷酸的點突變，其餘有染色體發生一小段的缺失、反轉、轉位到別的染色體，或插入一段 DNA 等等。

DNA 由一個一個的核苷酸像一條項鍊一般串接起來，是一條很長很長的核苷酸鏈。如果一段 DNA 其中的單一核苷酸改變，就是點突變。人類基因體大約每 100 ～ 300 個核苷酸就有一個容易突變的點。點突變有下幾種形式與影響：

1、**沉默突變**：雖然一個核苷酸改變了，但是定義的胺基酸並未改變。譬如密碼 AAA 代表賴胺酸，若突變成 AAG，恰好還是代表賴胺酸，因此會有基因型不同而表現型卻沒有差異的情形，是最常見的突變。

2、**誤義突變**：由於一個核苷酸突變而造成蛋白質產物其中的一個胺基酸成分改變，這種突變的後果是否嚴重，端視改變了的胺基酸是不是與原始的胺基酸生化特性差別很大而定。

3、**終止突變**：一個核苷酸突變使胺基酸密碼變成終止密碼 UAG，製造出的多胜鏈變短。例如原來的密碼是 UGG，若突變成 UAG，則製造蛋白質的信息終止。這種突變會嚴重影響生物體的構造或機能。

4、**移碼突變**：由於三個核苷酸構成一個胺基酸密碼，如果表現序列意外增加或減少幾個核苷酸，這個數目不是三的倍數，

之後所有密碼的閱讀框架改變，產生不一樣的胺基酸鏈。是嚴重的突變。

基因突變對表現型的影響，可以是「失去作用」，也可以是「增加作用」，比較常見的致病機轉是失去作用。從下面這些例子，可以明瞭突變造成的基因失去作用或增加作用，如何改變細胞正常功能。

1、黑尿症

由於缺乏代謝苯丙胺酸的氧化酶，代謝中間產物處理不掉，堆積在體內，患者出現黑尿，眼球、耳殼、關節軟骨變色及關節炎。酶的基因（*HGO*）位在第 3 號染色體。只有來自父親和母親的對偶基因剛好都是壞掉的版本，才會出現病變。只要對偶基因其中一個正常，身體就不會出問題。

有一具西元前 1500 年的埃及木乃伊，膝關節及股關節嚴重鈣化，切片發現右股關節靠近關節面的地方有平行的黑褐色層，正是長期氧化的苯丙胺酸代謝中間產物。這具木乃伊是目前所知最古老的黑尿症患者。

曾經重複做過孟德爾實驗並且證實孟德爾學說的英國醫生加洛德，早在 1902 年，就根據患者家譜指出，黑尿症是一種完全符合孟德爾定律的隱性遺傳疾病。因此黑尿症是醫學史上第一個先天代謝異常疾病，雖然不是嚴重的疾病，卻有歷史意義。

到了 1996 年，黑尿症基因的序列完全揭曉，是一種誤義突變。從孟德爾遺傳學說到人類第一個隱性遺傳疾病的基因完全解碼，歷經 130 年。

2、蠶豆症

蠶豆症（G6PD 缺乏症的俗名）是我國新生兒篩檢項目之一。成熟的紅血球如果缺乏這種抗氧化酶（G6PD），暴露在奎寧、蠶豆等具氧化能力的化合物時，會發生急性溶血。而且酶的活性不足的人紅血球較脆弱，有時會發生慢性溶血症或新生兒黃疸。

基因位在 X 染色體末端，長 18000 個核苷酸，如果基因的 1376G → T（第 1376 個核苷酸由 G → T）、或 1388G → A（閩南、客家）、或 592C → T（阿美族）或 493A → G（賽夏族），酶的活性會不足。到 2010 年中為止，世界各地已知序列的基因型有六十二種版本。其中抗氧化活性有的正常有的不足，有的甚至完全失去功能。

台灣各族蠶豆症以客家人盛行率 4.52% 最高，阿美族約 3.5%，閩南約 2.5%，其餘原住民僅 0.3%。旅美的朱真一教授從基因型的種類與分布推論，台灣或華南的漢人不論閩客，主要源自華南，不是從華北（中原）大舉南遷移民，因為華北蠶豆症約 0.3%，基因突變的位置與台灣或華南漢人不同。其次，有些基因型只存在南島諸國、台灣原住民和台灣漢人，台灣之外的漢人則沒有，表示台灣原住民與南太平洋族群有共同的祖先。

蠶豆症雖然會發生溶血性貧血，不過他們罹患重症惡性瘧疾的機會卻大大降低，只有一般人的一半。也就是說缺乏此酶反而可以抵抗惡性瘧疾。為什麼呢？這是因為瘧原蟲進入人體後，在紅血球裡面愉快地複製，但是缺乏抗氧化酶的紅血球無法好好修補被瘧原蟲破壞的細胞膜，瘧原蟲的形跡敗露，引來白血球吞

噬，瘧原蟲就被白血球吃掉了。男性只有一個 X 染色體，女性有兩個 X 染色體，所以女性比男性多出一個蠶豆症基因，有趣的是，女性只要有一個 X 突變，也會有這種抗瘧效果。高達 13% 的非洲男人缺乏此種酶，正是因為瘧疾篩選的結果，讓缺陷變成一種有利於生存的條件。

3、血友病

血友病是一種無法正常凝血的遺傳性疾病，大部分的血友病患者的病因是缺乏正常的第 8 凝血因子。有一個罹患血友病的男孩，檢查報告寫著：X 染色體第 8 凝血因子基因第 14 個表現序列 4531G → A，是一種誤義突變。這句話的意思是：他的基因有一個核苷酸錯了，無法製造正常的第 8 凝血因子，所以血液不容易凝固。

理論上這種點突變造成的血友病比較不嚴重，雖然有一個胺基酸改變了，患者還能製造凝血因子，只是構造不對，活性變低。如果他的病因是基因有一段缺失、反轉或是移碼突變，以至於完全無法製造第 8 凝血因子，在接受凝血因子補充療法時，免疫系統會對這個完全陌生的蛋白質產生抗體，排斥它，治療效果會比較差。

4、多麩醯胺酸疾病

有些突變讓細胞製造出有害人體的蛋白，例如重複的 CAG 片段，出現在不同的基因就會造成不同的疾病。

杭亭頓症是因為第 4 號染色體的基因（*HD*）有一段太長的 CAG 重複片段，造成運動、認知、精神退化。顯性遺傳的小腦

失調症也有類似的情形，病因通常是小腦功能基因（例如第 6 號染色體的 *ataxin-1* 或第 12 號染色體的 *ataxin-2*）被太長的 CAG 重複片段破壞了。

正常的杭亭頓基因有 10 到 26 個重複的 CAG，罹病的人則有 36 到 121 個重複。CAG 重複次數在 27 到 35 之間的人本身不會罹病，但是他們的生殖細胞會有更長的重複，而且這種現象隨著年齡增加越來越明顯，所以越高齡生育越容易產生罹病的後代。

杭亭頓症開始發病時有動作協調困難，之後出現手腳揮動的舞蹈症及精神異常，以前常常無辜地被當成魔鬼附身。病發後平均存活 15 到 18 年。重複次數越多，發病的時間越早，病情也越嚴重。重複 40 次的人約 59 歲發病，50 次的人 27 歲就會發病。

由於重複的 CAG 片段相應的是多麩醯胺酸鏈，這群疾病統稱多麩醯胺酸疾病。隨著年齡漸長，含多麩醯胺酸鏈的異常蛋白逐漸累積，終於造成神經細胞中毒死亡，是基因突變中增加作用的典型。

5、對抗傳染病

有的突變可以降低傳染病的危險。

例如愛滋病毒（HIV-1）進入淋巴球必須借道一個受體，如果受體結構改變，愛滋病毒就不容易進入細胞了。位於第 3 號染色體的受體基因（*CCR-5*）有 6000 個核苷酸，約 2500 年前出現了一種少了 32 個核苷酸的版本（以 △-32 表示），△ -32 不是 3 的

倍數，所以這是一種移碼突變。由△-32 製作的受體很小，愛滋病毒不容易從這裡進入淋巴球。愛滋病毒通行的門戶原是細胞表面趨化因子的受體，負責指引白血球前往發炎的部位，卻被病毒利用。令人驚奇的是，△-32 基因型的人沒有表現出異常的地方，在信息傳遞的功能上，也許沒有失去作用。

白人當中大約 1% 有兩個△-32，兩個對偶基因都是變異型（稱為同合子）；他們即使暴露於愛滋病毒也不容易發病；就算發病了，疾病的進展也比較緩慢。狄恩研究了將近 2000 個暴露於愛滋病毒的高危險群，其中 1300 人發病，發病的人當中竟然沒有一個是△-32 的同合子。

另外，就算只有一個基因是△-32（稱為異合子），仍然對愛滋病毒有比較好的抵抗力，白人當中將近兩成是這種情形。他們被愛滋病毒感染之後，淋巴球內的病毒含量比較低，疾病的進程比較緩和，病情惡化的速度也比尋常人慢。也就是說△-32 是一種保護基因，擁有它的人比較不怕愛滋病毒的危害。

△-32 有那麼好嗎？有些研究發現，△-32 讓 C 型肝炎病毒比較容易入侵人體。C 肝的傳染途徑跟愛滋病很雷同，都是藉由不潔針頭或體液媒介，因此一個人也許擁有能夠對抗愛滋病的基因，可是這個基因卻使他容易得到 C 肝。

由以上這五個例子可以瞭解，有時候突變會造成疾病甚至死亡，不過有些突變反而增強生物體應付天擇的能力。突變究竟對人體有益還是有害，不是用單純的增減作用就可以描述清楚。

人類基因體約有 32 億對鹼基，不具血緣關係的兩個人，約

有 300 萬對鹼基的差異。這些許的差異使基因功能有些差別,就像每個人組裝個人電腦時使用的零件可以選擇不同的品牌,性能各有特色。一般而言,適合流傳在人類之中的基因版本就固定幾種,可以稱為版本的多樣性。

除此之外,基因的數目也具多樣性。通常細胞內每一種基因的數目都是一對。但是有些基因,譬如血型(Rh)、代謝藥物的酶($P450$)或是負責打開 CCR-5 受體這個鎖的鑰匙($CCL3L1$),在不同的人之間,這些基因的數目有高達十幾倍的差異,而且基因數目會影響表達強度。這種情形就是基因數目的多樣性。

科學家正一步步努力尋找窺視基因體的窗口,期望能藉由幾個小小的窗口一探基因,不必把每個人的每個基因都定序出來。這些窗口,就是「單核苷酸多樣性」、「短串重複多樣性」,或是「單倍型多樣性」等等研究的目標。接著來探討這些迷咒一般的辭彙。

二、單核苷酸突變是辨識基因型的重要窗口

單核苷酸突變是生命個別差異的標記

人類基因體計畫於 2003 年完成之後,科學家開始尋找兩個人的基因體之間有哪些個別差異,結果發現單核苷酸突變是最常見的差異。估計人類基因體中大約有 1000 萬個位置的核苷酸經常出現點突變,這些突變就隱藏著許許多多有關生命個別差異的

祕密。除了這些位置以外,其他地方幾乎每個人都沒有差別。因此只要辨識這些地點,就可以比較罹患不同疾病的人,是不是在這些點有 DNA 的差異,可以拿來當作防治疾病的一種依據。辨識這些點突變的方法叫做「單核苷酸多樣性」(SNP),意思是我們基因體的核苷酸序列 32 億個點(點就是單核苷酸)當中,有 1100 萬到 1500 萬個點,有時候會出現另一個版本,如果這個版本出現的機會大於 1% 就構成一種多樣性。單核苷酸多樣性可以用來辨識基因型的理由是:人體製造生殖細胞的時候,染色體有一些特定的熱點比較容易斷裂、重組。兩個熱點之間的 DNA 片段就幾乎沒有重組的問題。從人類共同的非洲祖先迄今五千代的歷程當中,有些單核苷酸多樣性與特定基因之間極少重組,因此只要辨認這些位置的核苷酸版本,就可以間接知道基因型了。

單核苷酸突變與表現型的關係有時候是直接的,突變的位置就在蛋白密碼或是基因調節區內,因而影響基因功能。更多時候突變點與表現型的關係是間接的,只是位在特定的基因附近,而且總是一同出現。以基因體故事書為例,比較不同版本的故事書,發現某一段文字有一個或幾個字的差異,這些字有時候會影響故事的內容(在基因內),更多時候根本不在敘述故事的段落裡面(在基因與基因之間),蒐集足夠多的故事書版本之後,只要比較某一段的幾個字或符號,根本不必看內容,就可以知道這是哪一版,裡頭有什麼不一樣的情節了。

有個日本的電視節目〈電視冠軍〉,比賽辨識甜點、文具等等,參賽者只根據一丁點具有特色的痕跡(如一點點橡皮屑),

就有辦法說出這是什麼牌子的橡皮擦、什麼型號等等。如果多給他幾樣物品的痕跡，參賽者還能說出這些文具是從哪家文具店買的。單核苷酸多樣性就類似這種具有特色的痕跡，是辨識基因的簡便法。

有些疾病是單基因疾病，例如家族性乳癌、先天性代謝異常，直接解碼基因，或辨識與基因型緊密連鎖的單核苷酸多樣性，就可以判斷會不會生病。但大部分的疾病是是複雜疾病，例如糖尿病、高血壓、氣喘、精神疾病，是許多基因跟外在環境因素互動的結果，這時候解讀一兩個有關的基因解決不了問題，必須羅列大量相關的基因，做全基因體關聯研究（GWAS），利用基因晶片同時檢查上百萬個點的單核苷酸版本或基因數量等等，才能藉這些資訊建立疾病與 DNA 的關係，然後進一步從這些單核苷酸窗口探索它們所代表的基因，是一種很繁複的研究。

針對多基因疾病所做的全基因體關聯研究，是一種適用於大規模人口分析的新方法，也有針對個別客戶推展的市售商品。事實上，這種研究**沒辦法**用來精確預測個人的生命史，例如某個人某一群基因屬高危險群，他就會在幾歲的時候出現高血壓等等。為什麼？因為多基因疾病的特性就是同時受基因與環境影響，生活型態健康與否往往就決定是不是發生疾病，比基因型的影響來得重要。

但也不是全基因體分析就完全沒有使用在個人的價值。假如有一種癌症，跟抽菸、一群基因型以及家族史有關，這時候就可以拿全基因體分析來當作病患家族的篩檢工具。這項檢查一方面可以決定哪些家族成員應該列入高危險群，把他們放在早期發

現早期治療的名單裡面，經常查看有沒有早發癌症；另一方面也讓生活型態不健康、喜歡抽菸的家族成員，心甘情願及早戒菸過健康生活。

 ### *COX2*基因上游的單核苷酸多樣性與血管疾病的關係

炎性前列腺素的合成酶（*COX2*），若活性太強，合成太多前列腺素，會刺激巨噬細胞清除沉積在血管壁的脂肪斑，清除下來的脂肪斑塞住下游血管，造成心肌梗塞和缺血性中風。

下圖這兩個序列取自合成酶基因往前七百多個核苷酸，第一列是尋常 G 版，第二列是 -765G → C 版（-765 表示從基因往前算 765 個核苷酸）。這就是單核苷酸多樣性。由於一個人有兩組基因，所以這個位置可以有 G／G、G／C、C／C 三種可能，這三種組合對動脈硬化性疾病有不同的影響嗎？

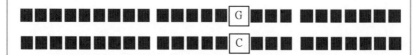

義大利的一個大型研究，想要看看這個 SNP 對心肌梗塞或缺血性中風有什麼影響。研究對象是八百多個患者，跟同量的對照組（沒有心肌梗塞或中風的人）做比較。結果發現，對照組帶 G／C 版的機會是病患組的 2.41 倍，對照組帶 C／C 版的機會是病患組的 5.81 倍。這個研究告訴我們，C 版是對抗心肌梗塞和中風的保護因子。

請注意：該位置的核苷酸並不是蛋白密碼，為什麼會產生不一樣的表現型呢？原來這裡是基因的啟動子，G 版與轉錄機器結合得比較穩固，讓基因表現強勁，脂肪斑就比較容易發炎、脫落。可見基因的調節多麼重要！

單倍型是一段常見的核苷酸序列

除了單核苷酸多樣性，還有一種可以簡便推測一大段 DNA 的方法，叫做單倍型。單倍型指的是一段經常共同存在一起的核苷酸版本。舉例來說，第 6 號染色體短臂上登錄著與人類白血球抗原相關的系列基因（HLA），器官移植時受贈者的免疫系統會不會嚴重排斥捐贈的器官，端看兩個人白血球抗原差別程度而定。這套基因由 A、C、B、D（DR、DQ、DP）等基因座構成（圖 2-1），每個基因座又有幾十種或上百種版本，因此有十分複雜的多樣性。如果各個座區之間任意組合的話，每次親代傳給子代時這一段 DNA 內部都經過任意重組，可能產生億萬種組合。事實上這些座區常見的組合只有幾種，這是因為在這組基因之間，少有容易發生斷裂重組的熱點，是穩定的單倍區塊。人類白血球抗原單倍型的機率因不同的民族而異，根據林媽利教授的研究：

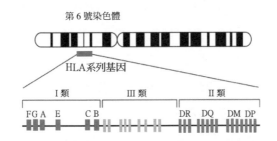

HLA 系列基因又分為幾個基因座，如圖中的 A，C，B，DR，DQ 等，雖然各基因座又有許多版本，但是每個民族仍然分別有特定的常見組合，這種組合就是單倍型的例子。

圖 2-1　HLA 基因座與單倍型

（A33-Cw10-B58-DRB1*03-DQB1*02）是台灣漢人（閩南和客家）最常見的單倍型，出現頻率為 6.3%。這個單倍型在新加坡及泰國華人也是最常見，近似南方漢人而有別於中原的北方漢人與歐美人，顯示台灣漢人是古代越族的後代而保存著古代越族的基因。由此可知，器官移植時要尋找捐贈的來源，當然也是血源越近越有適配的機會，不同民族之間白血球抗原基因差異大，比較不容易找到相配的來源。

單倍型經過世代的考驗，內部很少發生重組而能整批原封不動傳給子代，所以從共同的祖先傳下來的人，任何一段 DNA 可能只有少數幾種版本。再者，人類基因體既然已經解碼，意味著基因體醫學時代來臨，但是個人基因體成為常規檢驗還需要克服效率的問題，辨識單倍型是方便的替代辦法。

《自然》於 2005 年刊載一個稱為單倍型圖譜計畫的研究成果。這個研究有美國、日本、法國、加拿大、中國的機構共襄盛舉，寄望將來可以每個人只做 30 萬個核苷酸就能知道 32 億個核苷酸的基因訊息。

想像自己到單車賣場挑輪胎吧，看到一字排開的各種車輪，一時眼花撩亂不知從哪裡下手。這時最好的指引，就是看輪胎上打上的品牌。單倍型就像輪胎，輪胎上打印的品牌就是單核苷酸多樣性了。由於基因體很少突變，大約每一代每 1 億個核苷酸發生一個突變，歷代突變的結果會累積在區塊內，從這些數量有限的點突變就可以辨識單倍型。單倍型每段大約 1 萬到 2.5 萬個核

單倍型示意圖

假設有一段兩萬多個核苷酸的序列，經分析是由 21 個區構成，每一區有固定一個或幾個單核苷酸多樣性，只要檢查這幾個核苷酸，就可以知道每一區的序列。依下圖的例子，只要檢查第 4 區及第 17 區的單核苷酸多樣性（SNP）就可以知道整段序列，而且 90% 的人適用。這就是單倍型好用之處，前提是先要建立單倍型資料庫。

單倍型假想圖：根據族群單倍型分布頻率，就可以從第 4 小段及第 17 小段的 SNP 推測整段的單倍型。

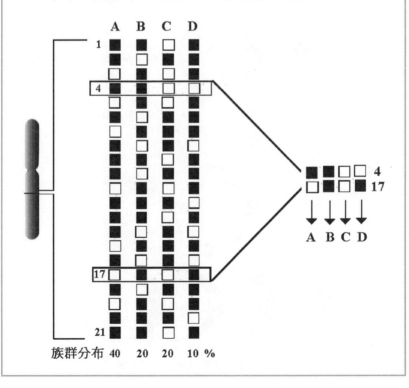

苷酸,如果所有單倍型都研究清楚了,以後要敘述基因體序列,就可以說這一段是什麼版,那一段是什麼版,不必把32億個核苷酸都列出來了。

重組的頻率

細胞進行減數分裂時,成對染色體的同源區域會進行重組(圖2-2),一次交換數千萬個核苷酸,這一段DNA就是單倍區塊。一條染色體上兩個位點相距越遠,在它們之間發生「斷

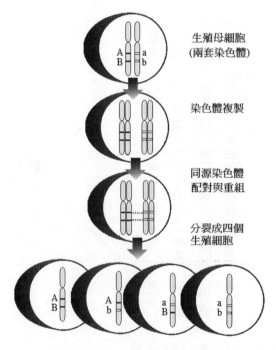

圖2-2　由生殖母細胞到生殖細胞

重組的機率

　　一個分摩根大約等於 1.1 ～ 1.2 百萬核苷酸的長度，這個數目並不是固定的，原因是染色體有一些熱點，特別容易重組。靠近端粒的部分比中節附近的 DNA 容易重組。還有，女性的染色體比較容易重組。

　　大部分的基因功能都還是一個謎，如果能找到與疾病的基因距離 20 個分摩根以下的標記，也就是 80% 以上的病人都呈現這個標記，這個記號就可以帶領研究者在附近尋找疾病基因了。標記與基因當然越近越好，下圖的 AB 兩個位點，A 代表標記或容易觀察的基因，B 代表疾病基因，從 AB 重組的機率可以推測 AB 的距離。如果 AB 之間重組與不重組的機會各占 50%，就是獨立分配。

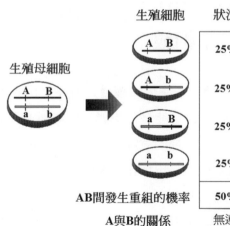

	生殖細胞出現頻率		
生殖細胞	狀況1	狀況2	狀況3
A　B	25%	40%	50%
A　b	25%	10%	0%
a　B	25%	10%	0%
a　b	25%	40%	50%
AB間發生重組的機率	**50%**	**20%**	**0%**
A與B的關係	無連鎖（獨立分配）	有連鎖（距離 cM）	連鎖不平衡（密不可分）

生殖母細胞

裂—交換—重組」的機會就越大。換句話說，重組的頻率是染色體上兩點之間距離的衡量，單位是分摩根，距離一個分摩根，表示一百個經過減數分裂所產生的子細胞，會有一個在兩點之間發生重組。若兩點在同一個單倍區塊，沒有重組的機會，距離與重組的關係不復存在，稱為連鎖不平衡。

　　孟德爾的獨立分配率可以成立，是因為他找的七個性狀基因不是分別位於不同的染色體上，就是距離夠遠，減數分裂時這七種基因的任意兩種在一起和分開的機會一樣大，恰好都不連鎖。假設豌豆的飽滿與綠色性狀有連鎖，那麼大部分綠色的豌豆都是飽滿的，則獨立分配率就會有另一種陳述了。

三、基因體有許多重複出現的短串，可以當作 DNA 指紋

　　DNA 序列出現重複片段時，在演化的漫漫長河裡就比較容易出錯。合成新的 DNA 時在這裡可能發生失誤，例如新股第 6 個重複若與舊股第 4 個重複形成互補的氫鍵，結果新股會多出兩個重複（圖 2-3）。重複片段比較容易出現在基因以外的地方，因為不影響基因的功能，不必面臨天擇。

　　重複片段當中最小的片斷叫做微衛星，是兩個核苷酸的重複，例如 CACACA 是 CA 重複 3 次。親子鑑定的時候，如果小孩某個特定位點的微衛星是（7,8），表示小孩的兩套染色體當中，

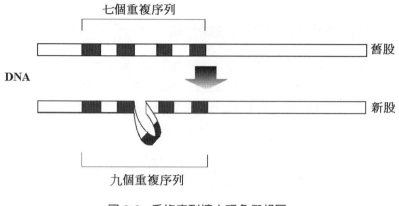

圖 2-3　重複序列擴大現象假想圖

一套的這個位點重複 7 次，另一套同一位點重複 8 次。現在小孩的
母親檢驗結果寫著（6, 7），某一個男人同一位點如果是（6, 11），
這個男人應該就不是小孩的生父。這是因為重複次數來自遺傳，如
果母親來的染色體重複 7 次，父親來的染色體那一點必定是重複
8 次，一個（6, 11）的男人，能貢獻的位點重複次數不是 6 就是
11，他不會是（7, 8）小孩的父親。

　　美國聯邦調查局採用染色體中 13 個位點的短串重複及 XY
染色體當做 DNA 指紋，建構全國 DNA 指紋資料庫。理論上任
意兩個人要有相同的這一套指紋的機會是數萬兆分之一，也就
是全世界每一個人都會有獨一無二的 DNA 指紋。另外，與失蹤
人口相關的案件，則建立比較容易採樣的粒線體 DNA 資料。到
2010 年 8 月為止，美國的「全國 DNA 目錄系統」（NDIS）已收
集 833 萬筆罪犯資料及 32 萬筆犯罪現場跡證，並且聯合電腦科

甲臏症候群與血型的連鎖分析

甲臏症候群是一種罕見疾病，特徵是指甲及臏骨（膝蓋骨）發育不良，近半數的患者有眼球虹膜缺陷，1/3 的患者有腎衰竭。任威克於 1955 年發表 ABO 血型與甲臏症候群有基因的關聯（如下圖）。

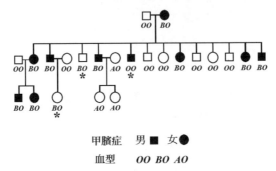

甲臏症　男■　女●
血型　*OO BO AO*

從這個家譜可以看出來：

(1) 甲臏症是顯性遺傳，因為每個患者至少有爸爸或媽媽一人罹病。

(2) 大部分患者同時也是 B 血型，很明顯 B 型基因與致病基因有連鎖。

(3) B 血型是顯性，與觀察的疾病一致。

(4) 假設 B 血型的人會罹病，O 血型的人不會罹病。可以看到有幾個例外，II-5（第二代左起第五人）跟 III-3 是 B 血型但沒有罹病，II-8 不是 B 血型但是有罹病。可知血型基因與致病基因之間有基因重組。

(5) 第一代跟第二代前兩個配對所生的小孩共有 16 人可供分析；第二代第三對所生的小孩其 A 血型不在觀察之列，故不列入分析。

(6) 可供分析的 16 人當中有 3 人在 B 血型基因和致病基因之間發生重組，重組的機會是 3/16＝0.188，也就是說 B 血型基因與致病基因之間的距離可能是 18.8 分摩根。

　有了這個資料，在這個家族有新生嬰兒時，我們就可以利用血型預

測他罹患甲臏症的機率。1998 年科學家證實甲臏症候群的問題在於 9 號染色體 9q34.1 一種轉錄因子基因（*LMX1B*）突變。ABO 血型基因也位於 9q34.1。

技建立自動比對的「聯合 DNA 目錄系統」（CODIS），是破解刑案的有效的工具。台灣有調查局第六處和刑事警察局鑑識科從事 DNA 分析建檔，由於採樣條例的限制，正在加強整個鑑識工作的規模、透明度和標準化。

　　DNA 目錄系統的優點包括：（1）可供法醫學 DNA 分析；（2）利用市售工具就可以迅速檢查；（3）判讀明確，而且符合遺傳學的遺傳模式；（4）資料是數字化的，有利電腦建檔查詢；（5）有能力做這項檢查的實驗室遍布全球；（6）只要微量的 DNA 檢體就可以檢查。

 ## 短串重複分析法

　　幾乎所有人體組織都可以萃取 DNA。親子鑑定最常用的是頰膜細胞，刑案採取的樣本包括血液、精液、死人組織、毛囊細胞、唾液、尿液、牙齒、骨頭等等。將取得的樣本與已知來源的 DNA 做比較，就可以知道是否來自同一個人。2004 年 3 月 19 日總統候選人被槍擊，有人懷疑阿扁鮪魚肚上的傷口不是子彈造成的，法醫鑑定證實子彈上的血跡與總統的 DNA 短串重複（STR）一致，是阿扁的血沒錯。

　　短串重複是指 2～5 個核苷酸成串重複出現，例如 GATA GATA GATA GATA GATA GATA GATA，是 GATA 重複 7 次。每個人在同一個位

置出現的短串重複次數可以不同，亦即短串重複具多樣性。

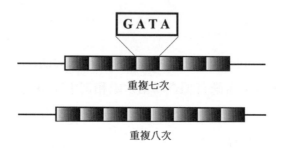

重複七次

重複八次

　　市售的短串重複分析 PCR 工具包（如 ABI 公司的 ProfilerPlus），一次可以分析 9 個短串重複位點及性別。再用另一組工具包做另外 4 個位點，即可得 CODIS13 型的全部資料。由於人口中每個位點有幾種版本，每個版本的機率可以從資料庫查到。例如台灣漢人 vWA 位點短串重複頻率為：

次數	11	12	13	14	15	16	17	18	19	20	21	23	24	總計
%	0.01	0.02	0.12	24.56	3.19	15.95	24.06	21.06	9.22	1.51	0.17	0.04	0.09	100

（參考《親子鑑定在台灣地區應用研討會論文集》1999）

　　如果某個人的 vWA 是（12, 16），則台灣漢人中有 2×0.02%×15.95%=0.0000638（1000 萬人中有 638 個）擁有一樣的 vWA 重複次數。這只是一個位點相同的機率，兩個位點就可達數千萬分之一了。因此任意兩個樣本在 13 個位點及性別具有完全一樣的版本的機率平均在數萬兆分之一。也就是說，除非同卵雙胞胎，否則幾乎不可能有 2 個人擁有一樣的 CODIS13 型。

四、「醫生，請先檢驗我的基因！」

有一個罹患急性白血症（血癌）的四歲男孩，成功度過大劑量的化療療程，血中癌細胞消滅殆盡。接下來的維持療程要用口服的抗癌藥巰嘌呤（6MP），讓殘餘的癌細胞無法生存。基因檢查發現他代謝這個藥物的酶（*TPMT*）是突變型，代謝能力差，服用一般建議劑量將會中毒。就在幾年前，每 300 個接受巰嘌呤維持療法的人，就有 1 個發生嚴重甚至致死的副作用。既然小男孩的基因型無法承受一般的藥量，醫生就給他很低的劑量，並且時時監測血中藥物濃度，避免了一個極可能發生的不幸。

2003 年《科學》一篇題為「醫生，請先檢驗我的基因」的報導，就指出如果事先知道患者代謝藥物的基因是哪一型，對於醫生開什麼藥、開多少藥會有幫助。生技公司利用 P450 基因型設計基因晶片，有些醫院已經採用作為臨床的參考。例如羅氏藥廠與晶片始祖 Affymetrix 合作推出的 AmpliChipCYP450，可以檢測主要的藥物代謝酶基因（*CYP2D6* 及 *CYP2C19*）；另一家公司（Signature Genetics）提供藥物代謝的基因檢查（*P450* 和 *NAT2*）估算治療愛滋病的藥物用量。這種檢查不但可以避免嚴重的藥物不良反應，也有助於調整藥物劑量及供醫生選藥參考。

深入一點瞭解代謝途徑就會發現，每個人代謝藥物最主要的酶（P450）活性各不相同，所以每個人用藥需求量也不一樣。據估計，嚴重的藥物不良反應中，80% 與此酶的多樣性有關。在 DNA 時代還用眾人的藥量平均值當做個人建議藥量的作法，需

要開始改進。DNA 科學的臨床應用更成熟以後，應該有量身訂做的處方集，針對代謝能力的差異給不同的人不同的藥量，取代目前以眾人的平均值為標準的辦法。

但也不是所有的個人化醫療的嘗試都那麼成功。有一類治療憂鬱症的藥，叫做選擇性血清素再吸收抑制劑（SSRI）。每個人代謝這類藥物的速率不一樣，有的人代謝得快，有的人代謝得慢。理論上，代謝快的人需要大一點的藥量，代謝慢的人藥量小一點。利用市售工具包能夠預測患者該用同類藥物中的哪一種以及多少藥量最適宜嗎？有些醫生可能會檢驗患者的 P450，然後根據檢驗結果挑選藥物和藥量。一個專門評估基因體醫學防治疾病成效的工作小組針對這種藥物做評估，比較有檢驗的跟沒有檢驗的治療策略，發現治療效果並沒有不同。換句話說，檢查 P450 多樣性其實不能預測該如何選用這類抗憂鬱藥物和使用多少量。原因是，到現在為止，我們對這些抗憂鬱藥的代謝途徑所知還是有限，在龐大的 P450 基因家族裡面只找出 2 種或 4 種基因做多樣性分析，其實還不具臨床價值。

基因與用藥的關係不是全都由 P450 決定，造成疾病的基因也是藥物設計時預設的攻擊目標。國人每年約 1600 名婦女死於乳癌。乳房細胞表面分布著許多表皮細胞生長素受體，乳癌細胞也是，作用是促進細胞生長和分化。問題是，約 15 ～ 20% 的侵襲性乳癌患者，生長素受體基因（*Her2／neu*）表達太強，達到通常的一百倍，讓癌細胞表面增加了許多生長素受體。這些癌細胞感受到太強的生長分化信息，干擾了正常的調控機制，於是

癌細胞的分裂和分布更加失控，是比較惡性的乳癌。現在有一種藥物賀癌平，是專門跟生長素受體結合的抗體，結合後調低失控的傳導信號，用於治療侵襲性乳癌，但是只針對受體基因表達太強、檢驗報告打上「陽性」兩字的患者才有效，對基因表達一般、報告「陰性」的患者沒什麼效果。賀癌平有心毒性，注射後有些人會心臟衰竭，所以醫生開這個藥之前，需先檢驗癌細胞的基因，陽性患者才使用，以免未蒙其利先受其害，這正是個人化醫療的好處。新的問題來了，陽性患者當中，真正有效的大約只占其中一半，也就是說，用現在的方法，還是有半數使用者可能得不到好處。要分辨有效跟無效的兩群，還要研究進一步的實驗診斷。

人類基因體解碼以來這幾年，科學界對基因體醫學充滿希望。但是基因體醫學不是一蹴可即的目標，科學能夠創造的治療畢竟十分有限，加上人體對治療伴隨的不適或危害早已到達承受的極限，這幾年的經驗著實讓熱切的期待漸漸回歸冷靜。無可否認的，基因體醫學確實與每個人息息相關。在龐大的醫學體系裡，每一個部門都必須以 DNA 觀點重新認識，就像重新認識藥物的代謝一樣。經過 DNA 觀點重新審視的醫療，應可讓每個人的健康得到更適當的照護。

 P450的來龍去脈

　　人體內有一個代謝藥物的酶 P450 大家族，微生物及動植物也有這個酶，它的主要功用是經由氧化還原作用，代謝進入體內的化合物。三十五億年前的藍綠菌就有 P450，但是那時候的 P450 只有還原作用，直到 20 億年前，地球大氣中堆積了大量由光合作用產生的氧氣，P450 才發展出氧化代謝的能力。到了五、六億年前寒武紀大爆發以後，地球上突然出現各式各樣的生物，動物開始以植物作為食物的來源，植物則發展出植物毒素因應，演化的舞曲繼續催促著繽紛的雙人舞步，動物若不要被淘汰，就必須擁有解毒的能力，終於發展出 P450 超級基因家族。

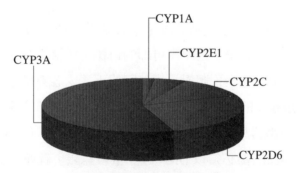

各種**P450**所佔的藥物代謝工作量

　　50 年前克林根柏發現鼠肝有一種專門代謝外來化合物的酶，吸收光譜尖峰在 450 奈米，因而名之為 P450。

　　人類的 P450 由肝細胞製造，主要功能是代謝食物或藥物中所含的化合物。在已經辨認出來的 P450 基因家族 57 個基因裡面，以 *CYP3A4* 基因、*CYP2D6* 基因、*CYP2C9* 基因、*CYP2C19* 基因在藥物的代謝上扮

演最重要的角色。通常一種藥由好幾種酶共同負責代謝，酶除了代謝藥物，反過來也會受到藥物的影響：有的藥物會增加酶的活性，有的藥物則抑制酶的活性。這就是為什麼用藥需要注意交互作用的道理。

人體內的藥物代謝工作有一半由 CYP3A4 基因負責，迄今還沒有人發現這個基因有突變型（也就是說，可能所有的人統統具有一樣的 CYP3A4 基因）。我們知道服藥不能同時飲用葡萄柚汁，就是因為葡萄柚的成分會抑制腸壁的 CYP3A4 基因，讓藥物代謝變慢，血中藥物濃度上升，有時候會造成藥物中毒。

除了 CYP3A4 基因以外，其他 P450 家族的酶幾乎都有很多基因型，譬如 CYP2D6 基因迄今至少已發現有 75 種基因型。7% 的白人與 1% 的東方人缺乏這個酶的活性，缺乏活性的原因大部分是基因有缺失。有些人則擁有能力過高的基因，尋常人一種基因只有一對，有一種人 CYP2D6 基因會出現好幾對，藥物代謝太快，治療效果差。東非有些族裔竟然高達 29% 的人是這種超級代謝者。醫生治療愛滋病的時候，發現有些非洲裔的病患治療效果特別差，原來他們是超級代謝者，用一般藥量不足以達到有效的治療濃度。

CYP2D6 參與的藥物代謝，包括常使用的高血壓用藥和三環抗憂鬱用藥、止咳藥及可待因等，可待因利用 CYP2D6 來轉換成嗎啡以產生止痛效果，缺乏 CYP2D6 的人用可待因無法止痛。

有一個酶 CYP2E1，雖然不是主要的藥物代謝酶，卻與人體健康密切相關。一些吸入型的麻醉劑（例如 halothane）偶爾會造成急性肝炎，這是因為麻醉劑被活性過高的 CYP2E1 代謝，產生帶有自由基的代謝產物，自由基破壞肝細胞的蛋白，讓蛋白變成具有高度抗原性的物質，因而引起免疫系統攻擊肝細胞。酒精和治療結核病最常用的藥物（INAH），是造成 CYP2E1 活性變強的因素。

此外，有些人的 CYP2E1 基因由於啟動子變異，也會讓酶的活動增強。酒精代謝主要靠三種酶作用：大部分由乙醇去氫酶—乙醛去氫酶聯

手，把酒精代謝成醋酸；小部分被 *CYP2E1* 處理，產生帶自由基的代謝物。利用限制酶切開 *CYP2E1* 基因，如果切出來的片段不同，表示基因序列不同，這個方法簡稱 RFLP，是分辨基因版本的簡便法。*CYP2E1* 基因可以用這個方法分為 c1 ／ c2 版。

　　日本的研究發現，經常飲酒的人當中，有酒精性肝病的一組比沒有酒性肝病的一組，有較多的 c2 版，表示不同的版本對於酒精代謝途徑有影響。一樣飲酒，有的人生依然彩色，有的卻變成黑白。喜歡豪飲的朋友，你的 *CYP2E1* 基因是哪一版？

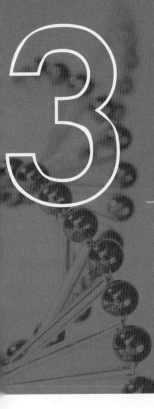

3 細胞如何凍結基因？

一、外基因遺傳讓一樣的DNA序列有不一樣的表現
二、同一個基因，卻因來源不同而表達不一樣
三、X 染色體過度甲基化造成的家族性智能不足
四、甲基化過與不及都可能致癌

　　台灣的竊車集團十分猖獗，許多車主停車時會加個方向盤大鎖，增加宵小的麻煩。舊金山的警察也會給違規車輛加鎖。由於舊金山市內有許多陡峭的路，要拖吊違規車輛很困難，所以警察用「給輪子加鎖」的方法對付逾時停車或違規的車輛，除非車主繳了罰款，否則車子別想開走。

　　基因也可以上鎖。我們身上有 200 多種細胞，每一種有固定的使命。細胞依自己的使命動用基因，並且關閉用不上的基因，這情形就像給機械的某些部分上鎖一樣。如果基因被上鎖的部位相當於汽車的油門，基因就失去作用；上鎖的部位相當於汽車的煞車器，那慘了，這個細胞可能會變成無止盡分裂的癌細胞。

　　DNA 的鎖就是甲基化，是 DNA 序列要不要表現的長期指

令，在基因印迹、基因調節、染色質（DNA 與交纏的蛋白之總稱）結構、關閉女性一條 X 染色體以及疾病的發生上，都有關鍵性地位。瞭解甲基化的作用及操控方法，可以幫助我們更深入探索生物的奧秘，也可能提供治療疾病的新方向。

一、外基因遺傳讓一樣的 DNA 序列有不一樣的表現

在成長的過程裡，細胞會分裂和分化。分裂讓細胞數目增加，分化讓細胞具備特殊的能力，執行特定的任務。一個細胞經過細胞分裂，產生兩個細胞，原來的細胞叫做母細胞，分裂以後的兩個細胞叫做子細胞，母細胞的分化方向必須傳給子細胞，作為進一步分化的藍圖。細胞接收到相鄰細胞傳來的信息，會改變某些基因的啟動狀態，這種狀態可以傳給子細胞，之後縱使信息傳遞因子已經不存在了，母細胞仍然能夠把信息遺傳給子細胞。這種機制稱為「外基因（Epigenetic）遺傳」（有人採用表觀基因遺傳的名稱），意思是細胞攜帶的生命信息，在細胞分裂時透過DNA 序列以外的方式傳給子細胞。

就一個生物體來看，每一個體細胞都帶有相同的 DNA，但是卻有各式各樣不同的表現，這是為什麼呢？直到近年才知道，原來細胞的生長、分化、老化、不死，關鍵正是外基因遺傳。

基因啟動的過程是這樣的：我們的細胞接到特定的信息，會

經由活化者蛋白及轉錄機器開啟基因及執行基因的指令。活化者是開啟基因的鑰匙，它找到 DNA 的強化子之後，會進一步召來轉錄機器（也是蛋白），與 DNA 啟動子結合，然後開始轉錄信使 RNA。信使 RNA 是 DNA 的分身，可以離開細胞核到細胞質去，在那裡執行 DNA 的指令，或是下達合成蛋白質的指令。基因如果沒有接收到啟動信息，無法開始轉錄。這種基因的啟動與關閉機制是暫時的，就像隨時開關一盞燈一樣。

甲基化可以永久關閉基因

如果細胞必須長期或永遠關閉一部分基因，這時就要用到其他的機制，甲基化是其中最主要的方法。甲基化指的是 DNA 的胞嘧啶（C）與甲基結合，變成甲基胞嘧啶（mC，圖 3-1）。大

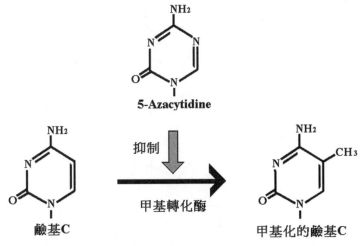

圖 3-1　基因的甲基化

部分的甲基化只發生在鳥嘌呤（G）之前緊鄰的胞嘧啶，只有這樣 C-G 的結構，才能甲基化（圖 3-2）。所有的文獻在談到甲基化時，對於 C-G 結構的書寫都以 CpG 表示。問題是，在 C 與 G 這兩個核苷酸之間，除了 p（一個磷酸分子），還能有什麼其他的選擇呢？沒有。現在已經沒人有興趣追究，到底是誰首先這樣書寫而且變成慣例的了，有些期刊的作者（例如《自然》）已經書寫成 CG。

DNA 是由 ATCG 四種鹼基構成，因此任意 2 個鹼基相鄰的排列有 4×4=16 種可能情形。如果各種鹼基的排列機會均等，則任意兩個鹼基相鄰出現的機會應該是 1/16。但是人類基因體的 CpG 出現的機會特低，這種現象叫做 CpG 壓抑。在 CpG 壓抑

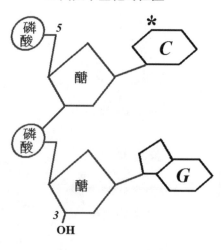

圖 3-2　CpG 的結構

核體的構造

　　組織蛋白是DNA纏繞的軸子，每一個組織蛋白上纏繞一圈半的DNA，長185～200對核苷酸，加上兩個軸子之間有38~53對核苷酸，形成一個核體，是染色體的構造單位。

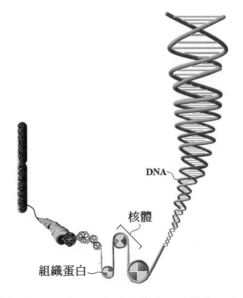

DNA

核體

組織蛋白

　　組織蛋白可以被化學修飾（例如甲基化、磷酸化、去乙醯），這種修飾在轉錄的調節上極重要，而且在細胞分裂後仍然可以維持。組織蛋白乙醯化以後核體排列比較鬆弛，這時DNA可以進行轉錄；沒有乙醯化的核體排列緊密，無法轉錄。

　　如果一個基因不需要表現，甲基化酶會將位於啟動子或表現序列的CpG甲基化。甲基化之後，活化者蛋白或轉錄機器無法和DNA結合。而且更進一步，甲基化的序列會誘使組織蛋白去乙醯酶等將基因永久關閉。

位於染色體7P21長一百五十萬個鹼基的一個片段，短線代表CpG島。

7P21.2   **7P21.3**

圖 3-3　7P21 上的 CpG 島

區 80% 以上的 CpG 都甲基化了。因此有一種理論就說甲基化的主要目的是為了抵禦入侵的寄生 DNA 片段，例如反轉錄病毒、DNA 百萬雄師 Alu 等等。

1%之島

人類基因體的 CpG 壓抑現象會出現一些例外段落，這些段落長約 300 ～ 3000 個核苷酸，其中 CpG 占的比例達 1/16 或更高，這種段落稱為 CpG 島，就像是 CpG 壓抑之海中露出來的未受壓抑的島嶼。CpG 島的甲基化主要受分化過程的控制，不同的組織甲基化形態就不會一樣。人類基因體 1% 左右是 CpG 島（圖 3-3），60% 以上的基因啟動子位在 CpG 島上，如果哪個基因的啟動子被甲基化了，代表這個基因已經功成身退，不再作用了。

CpG 島如果發生不正常的甲基化，應該表現的基因休止了，這種效應會逐漸累積，終將造成老化甚至癌化。癌化的一個重要原因是抑癌基因失能，抑癌基因的啟動子發生甲基化，猶如操控細胞分裂的煞車器損毀，細胞複製失去控制。越來越多的資料顯示，癌細胞有 CpG 島過度甲基化及 CpG 壓抑區甲基化不足的現

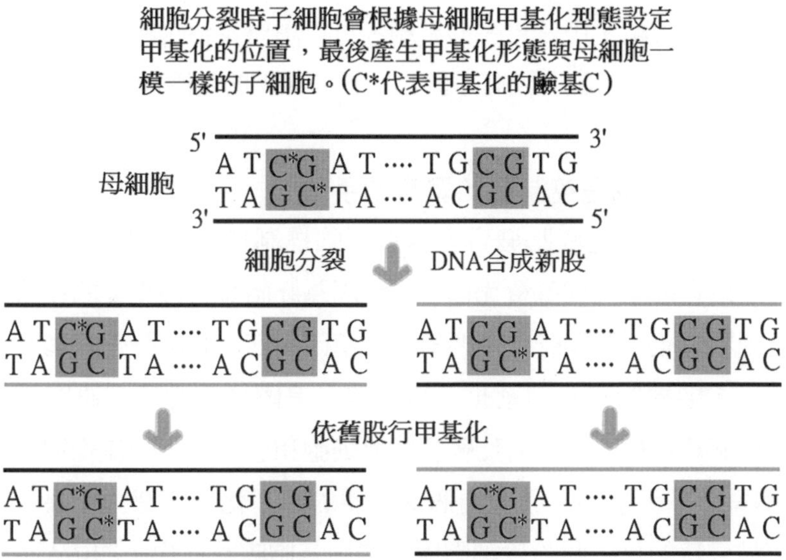

細胞分裂時子細胞會根據母細胞甲基化型態設定
甲基化的位置，最後產生甲基化形態與母細胞一
模一樣的子細胞。（C*代表甲基化的鹼基C）

圖 3-4　甲基化的遺傳模式

象。老化和癌細胞呈現的過度甲基化可能來自兩個原因：一個是
隨機的甲基化錯誤的累積，另一個則是甲基化酶壞掉了。年紀越
大越容易罹患癌症，老化和癌化的橋梁應該就是甲基化。

　　啟動子發生甲基化，基因會永久失去功能，而且經過分裂以
後子細胞的這個基因仍然關閉。因此，甲基化是一種外基因遺傳
方式，也就是說，儘管 DNA 的序列不改變，但是被上鎖的狀態
仍然可以遺傳給子細胞。

　　細胞分裂時，DNA 的雙股分開各自成為模版，並合成互補
的 DNA，甲基化酶會依據模版的甲基化形態調整新股，因此子
細胞形成時具有與母細胞完全一樣的甲基化形態（圖 3-4）。在

細胞分裂時給予甲基化酶抑制劑，可以讓原本休止的基因恢復表現，就是因為子細胞沒有甲基化，等於凍結的基因解凍了一樣。

甲基化也是控制胚胎發育的手段

甲基化也是胚胎發育過程重要的控制機制。剔除甲基化酶的老鼠在胚胎初期就會死亡，這是因為胚胎發育最重要的任務就是細胞分化，細胞分化需要複雜的基因調節，胚胎分化時調節基因的主要機制正是甲基化。2009 年，美國加州的沙克研究所發表一個新發現，研究者比較胚胎幹細胞和已經分化的纖維細胞的DNA 甲基化情形，發現兩個基因體的甲基化有廣泛的差異，其中最奇特的是，胚胎幹細胞所有的甲基胞嘧啶當中，約 1/4 不在CpG 的結構裡面，表示胚胎幹細胞另有特殊的甲基化機制來調控基因表達。這些特殊的甲基胞嘧啶大部分在基因本體，而不是在啟動子、強化子等基因調節區。胚胎幹細胞分化之後，特殊的甲基胞嘧啶就不再甲基化了；利用基因誘導分化的細胞回復成胚胎幹細胞，這些特殊的甲基化胞嘧啶就又出現。

除了分化過程的甲基化以外，有兩個情形也是靠甲基化來控制：一個是不活動的 X 染色體，另一個是被印迹的基因。這兩個地方的甲基化中心主導甲基化作用，將周遭的啟動子甲基化，以關閉基因。

二、同一個基因，卻因來源不同而表達不一樣

精、卵基因體有不同的印迹

早在 1984 年，科學家利用核移植技術發現，如果從一顆老鼠的受精卵取得卵子原核，把它注入另一個剔除精子原核的受精卵，可以製造單親胚胎細胞；同樣的方法可以製造出成對染色體都源自母親或都源自父親的胚胎（圖 3-5）。實驗的結果發現，母源單親胚胎雖然可以發育成胎兒，胎盤卻很瘦弱；父源單親胚胎具備強有力的胎盤，可是胎兒嚴重發育不良。從這個實驗可以知

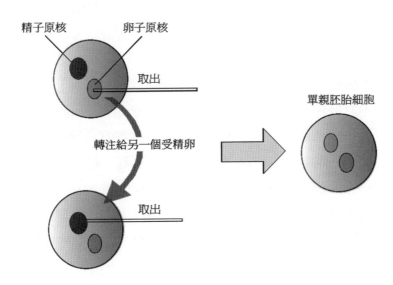

圖 3-5 單親胚胎細胞

道，染色體來自父親或來自母親，作用會有所不同。要形成完整的胎兒，需要分別來自父親與母親的染色體共同作用才可以。

為什麼會這樣呢？原來有一些基因在傳給下一代的時候，精子或卵子會動一些手腳，讓基因無法表現或無法關閉。這些基因會因為來源是父親或母親，而有不一樣的修飾，修飾的機制主要是甲基化。子代遺傳到這些基因時，基因是否表現端看來源決定。這種現象稱為印迹。

印迹的指令記錄在精子及卵子的基因體，由於印迹基因在精子和卵子有不同的甲基化，如果精子的某一個基因關閉了，子代將表現得自卵子的性狀，反之亦然。所以印迹現象超越孟德爾定律，孟德爾說豌豆性狀的表現與遺傳分子的來源沒有關係，不管來自父系或母系都一樣，這個說法恰好不適用於印迹現象。精子及卵子結合產生的下一代必須根據印迹操作基因，亦即有些基因只表現父源，有些基因只表現母源。

不論男性或女性，體細胞的染色體一半來自父親，一半來自母親，分別有父親和母親的印迹。精子完全是男性印迹，卵子則完全是女性印迹，精卵之間除了外型不同，還有一個更重要的差別，就是它們攜帶的 DNA 甲基化形態不一樣。這是因為減數分裂的過程會清除並依性別重設印迹（圖 3-6）。

著名的印迹基因疾病有普威症候群和安格曼症候群。普威症候群的問題出在來自父親的第 15 號染色體異常，安格曼症候群則是從母親來的 15 號染色體異常。

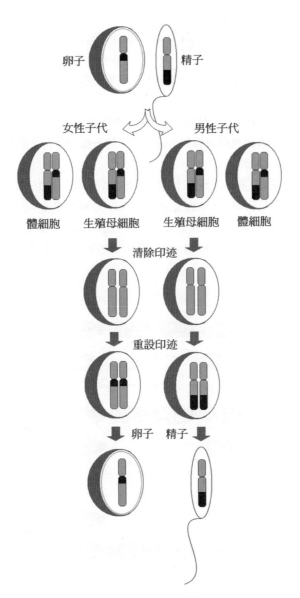

圖 3-6　印迹傳遞的歷程

 ## 沒有備份的印迹基因

下圖利用一個格子代表一個基因，來看一般基因和印迹基因缺失有什麼不一樣。

A 是一般基因，基因成對，分別在來自爸爸和來自媽媽的染色體上。如果有一條染色體出現部分缺失時，另一條染色體上的基因照樣可以發揮正常的功能。

B 及 C 的 6、7 基因是印迹基因，來自爸爸的染色體只表現 7，來自媽媽的染色體只表現 6，但合起來 5、6、7、8 都能表達。如果其中一條染色體缺乏 6、7 這一段，由於沒有備份，這部分的基因就不表達。從這個圖可以看出來，一樣的缺損，染色體的來源不同表現就會不同。

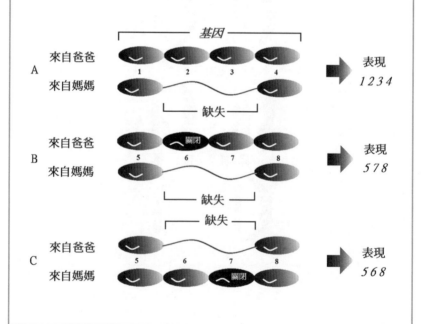

印迹的效果

到現在為止，科學家在老鼠身上發現了 70 個左右的印迹基因，人類已知的印迹基因沒有老鼠的多。印迹基因有一個特點：喜歡串在一起，高達 80% 串在一起。X 染色體有一個去活化中心，可以讓女性成對的 X 染色體其中一條去活化。成串的印迹基因也有印迹中心，控制這一串基因的甲基化。

老鼠的印迹基因當中 88% 在 CpG 島上，而一般的基因則只

典型印迹疾病

都是第 15 號色體的缺陷，一個問題出在父源染色體，一個問題出在母源染色體，症狀差很多。

普威症候群：

- 父源第 15 號染色體缺陷
- 出生後兩個月內食慾差，無力
- 六個月大開始肥胖
- 輕度到中度智障
- 手腳及陰部小
- 杏眼

安格曼症候群：

- 母源第 15 號染色體缺陷
- 智能不足
- 走路像木偶步態不穩，手突然揮動
- 特殊長相、大嘴、下顎凸出（戽斗）
- 常常突然大笑

有 47%，CpG 島讓甲基化機制容易進行。除了表現序列以外，甲基化也可以發生在插入序列，或與基因調節有關的其他位置，基因表現與否變得很複雜。如果甲基化發生在表現序列或啟動子，基因關閉。如果發生在沉默子，則原本不該表現的基因會表現。有一種生長素基因（Igf2）就是一個典型的例子：設定印迹的時候，父源的基因發生甲基化，由於甲基化的位置在沉默子，基因表現增強了。這是爸爸動的手腳，讓子代生長勇往直前。母源的沉默子沒有甲基化，所以母源生長素基因可以被抑制不表現。

印迹基因也會造成行為的改變。如果兩套染色體都來自父親，剛出生的老鼠會表現過動。但是如果兩套都得自母親，則活動力差。不僅老鼠，越來越多證據顯示，人類的疾病除了普威症跟安格曼症以外，自閉症、躁鬱症、癲癇、精神分裂症、妥瑞症、透納症等，病狀嚴重程度會因為疾病是從父親或母親傳來而有差別，表示這些疾病有印迹機制參與。

複製動物的異常印迹

複製動物的原始細胞不是受精卵，沒有經歷逐步的印迹過程，因此有印迹的問題。1996 年，蘇格蘭愛丁堡近郊的羅思林研究所成功複製了一隻羊，有名的桃莉羊。桃莉是世界第一隻無性繁殖的哺乳類，這項遺傳工程技術的成功震撼了全世界每一個人的心。

研究小組取 6 歲大母羊的乳房細胞做實驗室培養，再從另一隻母羊取出一個卵細胞，隨後去除卵細胞的細胞核，換成乳房細胞的細胞核。乳房的細胞核含兩套基因體，跟受精卵一樣，可以

讓細胞分裂與生長，只是這兩套都來自一個親代，沒有經過交配過程，所以是無性繁殖。核轉移的卵細胞以電極刺激，促使細胞分裂，之後植入代孕母羊子宮中，發育成小羊。

由於核中帶有 6 歲母羊整套的遺傳信息，所以桃莉是 6 歲母羊的複製品。普通羊的壽命約 12 歲。桃莉 6 歲半時死於年邁的羊常見的肺病。這樣看來，桃莉的壽命應該是受限於染色體端粒的長度：她一開始擁有的就是 6 歲的端粒，所以當細胞分裂，端粒越來越短，沒辦法維持染色體的穩定，桃莉就老了。前幾年有人研究發現，複製牛和複製鼠在胚胎早期會重設端粒的長度，果真如此，複製牛和複製鼠可能就不會早夭了。

自從桃莉無性繁殖成功之後，世界各地傳出許多動物無性繁殖成功的案例，但是大部分複製動物在胎兒期即死亡，或出生幾天後夭折，並且常有胎盤或胎兒過度生長的現象。胎兒過度生長有一個專有名稱，叫「大子代徵候群」，原因可能是印迹重設出了問題。英國羅思林研究所的楊洛林研究大子代徵候群的胚胎，發現牠們生長素受體基因（$Igf2r$）表現低下。這個受體的作用是清除掉生長素，調低生長素的信號，可以說生長素基因和受體基因（$Igf2$ 和 $Igf2r$，都是印迹基因）就像操控胎兒發育的油門跟煞車。由於複製技術製造的胚胎沒有經過正常的印迹過程，結果生長的煞車器失靈，產生了大子代。

據文獻統計，人類試管嬰兒技術成功製造的活胎比例，大約是 10% 左右。無性生殖的桃莉是在兩百七十幾次失敗之後的例外情形。除非科學家有辦法操控甲基化機制，否則複製動物縱使

擁有跟捐贈細胞一模一樣的 DNA 序列，卻不見得有一模一樣的外基因形態，基因表達不正常，胎兒也就不容易健康強壯。

三、X 染色體過度甲基化造成的家族性智能不足

　　X 脆裂症是家族性智能不足最主要的原因。利用顯微鏡檢查染色體時，可以見到患者的 X 染色體末端斷裂，斷裂點就在 X 脆裂症的致病基因（*FMR1*）上。這個基因有一段 CGG 的重複片段，一般人有 7 ～ 60 次的重複次數，最常見的版本是 30 次。但是 X 脆裂症患者卻有 200 次以上的重複，基因變得比較大。基因內出現這麼多 CGG 重複時，會啟動 CpG 甲基化酶的作用（圖 3-7）。甲基化的結果基因就被關閉了，於是基因編碼的蛋白和下游相關的蛋白生產線整個停工。

　　如果一個人致病基因的 CGG 重複次數在 55 ～ 200 次之間的話，雖然不會出現 X 脆裂症的症狀，子代卻有機會罹病。一般稱這種 X 為前突變 X 染色體。假使母親有前突變 X，而且她的小孩遺傳到這個 X，小孩的 DNA 會出現重複次數擴大現象，也就是 CGG 重複 200 次以上的完全突變。完全突變會關閉基因。這種不幸的發展與前突變重複次數有關，如果母親的前突變重複六十幾次，遺傳到這個 X 的小孩完全突變的機會約 17%。前突變七十幾次，則完全突變的機會達 71%。舉一個例子來看看前突變影

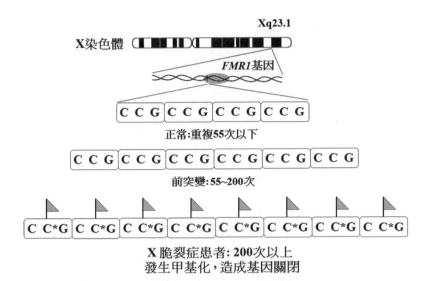

圖 3-7 　X 脆裂症是 CCG 重複次數過多的結果

響下一代的算法：假如媽媽有一個 CGG 重複 75 次的前突變 X，由於母親有兩個 X 染色體，其中一個正常，一個異常，則兒子有 $\frac{1}{2}$ ×71% =35.5% 的機會罹病。

　　大部分的遺傳性疾病，如果是透過 X 染色體遺傳，通常女性不會發病。因為女性有兩個 X，就算一個突變，還保有另一個 X，畢竟兩個都突變的機會太小。X 脆裂症則不一樣，由於胚胎形成早期女性的胚胎細胞會隨機凍結一個 X 染色體，於是早期胚胎細胞就半數表達正常的 X，半數表達脆裂症的 X。隨著細胞分化繼續進行，所有的子細胞將保持胚胎早期細胞的選擇。如果腦細胞當中大部分保留的是正常的 X 染色體，罹病的機會就小，如果大部分保留的是脆裂症的 X 染色體，罹病的機會就增加。所以

女性也有 X 染色體脆裂症。

罹患 X 脆裂症的人主要症狀就是智能不足，也許只有輕度的學習障礙，也或許呈現重度智能不足。其他特徵有過動、對外界刺激過度敏感、注意力不集中、外觀呈瘦長的臉型、大耳朵、下顎突出、大睪丸以及關節鬆垮。X 脆裂症是遺傳性智能不足最常見的原因，大約每 2000 個男人會有 1 個。女人也有 X 脆裂症，但是機會小，症狀也比較輕微。

X 脆裂症是基因（*FMR1*）突變的結果，基因突變關閉了編碼蛋白的生產，這是正常的腦神經細胞建構彼此連結必要的蛋白。正常人的腦細胞互相之間密切連結，連結的情形在幼年期十分複雜，但是隨著年歲漸長，經過修剪的作用，連結逐漸單純化。罹患 X 染色體脆裂症的人沒有修剪或是修剪不夠，結果腦細胞之間保留太多亂七八糟的連結，是一個沒有效率的腦。這就是 X 脆裂症患者智能不足的理由。

四、甲基化過與不及都可能致癌

芬柏於 1983 年率先指出 DNA 甲基化與癌症有關。他發現正常細胞與一些癌細胞之間，儘管 DNA 序列相同，基因表現卻不一樣，而這個差異是因為 DNA 甲基化不足造成的。

現在我們知道，癌細胞幾乎都會呈現甲基化異常情形。這又包括兩種不同的變化：第一種，正常細胞的 CpG 壓抑區，原本

80% 以上的 CpG 甲基化，癌細胞則呈甲基化不足的現象；第二種，有些抑癌基因或 DNA 修補基因的啟動子，正常細胞沒有甲基化，癌細胞卻呈甲基化過度現象。

　　甲基化不足造成基因不當表現。外來的病毒基因、重複片段，或是被印迹的基因必須甲基化，讓它們不要表現。甲基化不足則讓這些基因表現。此外，甲基化不足會造成染色體構造不穩定。染色體的中節附近是高度甲基化的區域，這個區域的甲基化與結構穩定是 DNA 正確複製的必要條件。

　　抑癌基因失能突變和抑癌基因啟動子甲基化過度有一樣的結果，就是這個基因無法正常製造抑癌蛋白。如果有一個抑癌基因因為突變或遺傳而有缺陷，這時只要對偶基因又發生突變，或啟動子甲基化，抑癌基因就會完全無法表現，癌變就水到渠成了（圖 3-8）。

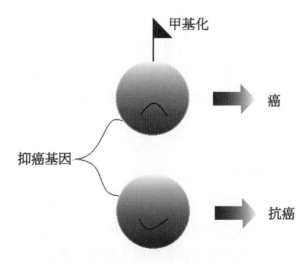

圖 3-8　異常的甲基化是癌症的原因

目前已知的癌症相關基因中，因為外基因作用而致癌的比例高於基因突變致癌的比例。例如腎癌的基因（*VHL*，抑癌；*TIMP3*，阻止癌細胞轉移）、大腸癌的基因（*MLH1*，修補DNA），白血病的基因（*p73*與*p53*，抑癌），或可造成多種癌的管制細胞週期的基因（*p16*），就常是由於啟動子甲基化過度而致癌。

肺癌與基因甲基化

美國約翰霍普金斯醫院的研究發現，一期肺癌的患者經過手術根除後，檢查甲基化的情形，可以預知復發的風險。由於一期非小細胞肺癌手術根除之後，明明淋巴節看不到癌細胞，沒有癌細胞轉移的徵兆，但還是有1/3的患者以後會死於癌復發。研究者發現，如果腫瘤和縱膈腔淋巴結的兩個基因，管制細胞週期的基因（*p16*）以及讓組織內的細胞聚在一起的鈣黏素基因（*CDH13*），呈現啟動子甲基化，則癌復發的風險是沒有甲基化的患者的15倍以上。這個發表於2008年的研究指出一個方向，轉移的癌細胞利用傳統方法辨識不出來，只有檢查局部或遠處淋巴節細胞的基因啟動子甲基化型態，才能判斷到底有沒有癌轉移。

甲基化抑制劑

研究甲基化的醫學意義，在於尋找治療疾病的新療法。針對抑癌基因過度甲基化的情形可以嘗試的療法，就是設法抑制甲基化，讓新細胞的抑癌基因重新表現。藥物治療是一個方向，例如

生命核心的第七種密碼

　　許多人知道生命信息的載體是由 A、T、C、G 四種分子排列而成的，但這只是指 DNA 的部分，DNA 的運作要透過 RNA，有些病毒的遺傳分子根本就是 RNA，而 RNA 是由 A、U、C、G 組成。因此比較完整的說法，生命的密碼是由 A、T、U、C、G 五種核苷酸組成的。

　　讀過甲基化這一章之後，你已經比別人多認識一種核酸了，就是甲基化的 C（mC），這樣就有六種生命信息的字母了。還有第七種嗎？

　　科學家發現，在基因轉錄 RNA 之後，RNA 轉譯蛋白之前，有許多修飾 RNA 的工作要做，剪貼是其中一種，在第一章介紹過了。此外有些基因還要經過 RNA 編輯，這是一種非常奇特的機制，可以改變 DNA 指令，造成 RNA 序列與 DNA 不一致，最終蛋白產物也與 DNA 編碼不一致。RNA 編輯的手段有好幾種，例如增減一個核苷酸；或是改變一個核苷酸：C 改成 U，或 A 變成 I（Inosine）。

　　這裡的 I，就是生命核心的第七種密碼。

　　A 變 I 編輯是利用腺苷脫胺酶把 A 改變成 I。例如 CAG（麩醯胺酸的密碼）經過 A 變 I 編輯，變成 CIG。由於轉譯蛋白的機器會把 I 當作 G，因此 CIG＝CGG（精胺酸的密碼）。你看看，藉由 RNA 編輯，原本 DNA 序列的編碼在執行的時候被更改了，產生的蛋白與 DNA 編碼是不同的蛋白。編輯的位置如果不在表現序列，則可能破壞剪貼信息，或改變 RNA 的摺疊方式，而有不同的效果。由此可知，雖然 DNA 記錄著生命核心的信息，但是生命計畫執行的過程還包括對核心信息的改編，DNA 指令並不是那麼顛撲不破的。RNA 編輯是維持正常生理必要的機制，有一些神經系統的疾病（例如癲癇、漸凍人、憂鬱症），就與 A 到 I 編輯失常有關。

甲基化抑制劑（5-azacytidine，見圖 3-1），在實驗中可以重新活化被甲基化休止的基因。甲基化酶的活動是維持甲基化的先決條件，甲基化酶失去活性甲基化就沒辦法維持。也就是說，基因突變是不可逆的，但是甲基化是可逆的。利用這個特性，許多研究者正努力尋找一種全新的癌症治療。西佛曼醫生利用甲基化抑制劑治療骨髓生成不良症候群，結果得到不錯的療效。不過這個療法必須讓藥物分子嵌入 DNA 裡才能抑制甲基化，會不會造成嚴重的副作用仍待研究。還有一個辦法就是利用 RNA 干擾關閉甲基化酶的基因。關於 RNA 干擾的詳情請參閱下一章。

甲基化與癌篩檢

如果我們知道有哪個基因過度甲基化是某種癌症的普遍現象，就可以針對這個啟動子設計檢驗方法，來判定檢體是不是有過度甲基化。針對甲基化設計的癌症早期篩檢現在是熱門的領域。例如針對乳頭分泌物檢測乳癌，或是血中漂流的 DNA 檢測肺癌等等，都是發展中的方法，已經有令人期待的結果。

甲基化與化療

癌症化療有一大部分是利用烷化劑烷化 DNA 的鳥嘌呤，烷化後雙螺旋的功能嚴重受損，啟動細胞凋亡。但是細胞內有一些負責修補 DNA 的基因，例如烷基轉移酶，可以讓烷化的鳥嘌呤恢復正常。修補基因如果不活動，烷化藥物治療效果會更好。腦瘤及淋巴瘤患者如果有修補基因甲基化，基因無法表現，治療效

果比較好。相反的，如果腦瘤細胞的修補基因過度活動，則呈現
抗藥性。

甲基化與癌細胞凋亡

有一種與細胞凋亡有關的基因，是決定癌細胞往好的方向
走向凋亡或往壞的方向走向轉移的基因，甲基化會影響這個基因
的表現。表現低下的癌細胞比較惡性，不受細胞凋亡機制控制，
也比較容易轉移，臨床上的意義表示需要或值得採用更積極的治
療。在決定治療方針之前先對癌細胞甲基化狀態有清楚的瞭解，
作為決定治療方式的依據，是 DNA 時代的醫學必須做到的基本
工作。

4 分子武器——
如何利用小型雙股RNA
干擾信使RNA

一、雙股RNA可以調降基因表達
二、RNA干擾機制的用途
三、RNA干擾成功治療小鼠的肝炎
四、臨床使用的RNA干擾藥物

　　人類基因體的秘密，是不是在 DNA 序列公布之後就解決了呢？當然不是。就像基因體計畫負責人柯林斯說的，基因體完成解碼只是「the end of the beginning」，起步階段的結束。

　　真正的挑戰才開始。

　　這些挑戰包括：人究竟有哪些基因？每一個基因的功能是什麼？基因如何因應環境變化？如何調節？基因或基因調節出問題時會產生什麼後果？如何修補這些後果？

　　以往利用基因剔除鼠做基因功能研究，主要是靠近親交配取得代代相傳基因不會變動的純系，不過這個方法曠日費時、所費不貲，而且不能在人類身上實施。幾個基因研究下來，恐怕花數十年還不得解決。這樣的速度瓶頸，會讓基因體研究難以開展。

就有這麼巧的事，近年研究者偶然發現真核生物有一種關閉基因的自然機制，叫做 RNA 干擾。

RNA 干擾是指一小段雙股 RNA 可以啟動一連串反應，控制細胞內的長鏈 RNA，包括信使 RNA 和入侵的外來 RNA，使特定序列的 RNA 被分解或無法進行轉譯蛋白的作用。

我們的 DNA 包藏在細胞核裡面，在那裡依自己的序列造 RNA，其中的信使 RNA 銜命進入細胞質，由核醣體解讀 RNA 身上的密碼合成蛋白質。由於基因大部分的功能得透過信使執行，如果信使被獵殺，等於基因喪失功能。RNA 干擾善於獵殺信使，因此可以代替基因剔除的實驗。在科學家日以繼夜的研究之下，雙股 RNA 頗有晉升治療性藥物的潛力，很可能是下一波醫藥革命的一個角色。

一、雙股 RNA 可以調降基因表達

雙股RNA特有的干擾機制

費爾在 1998 年做了一個實驗，他根據線蟲一種與肌肉功能有關的基因（*unc22*）製作了單股正義 RNA（與信使序列一致）、單股反義 RNA（與信使互補，互補的意思就是 A 對 U、C 對G）、以及由前兩者構成的雙股 RNA，分別注入線蟲體內，觀察這些分子對基因的抑制作用。猜猜看，哪一種分子抑制效果最強？

依照以往的瞭解，這三種分子應該以反義 RNA 最有效，猜

測它可以結合到互補的信使 RNA，讓生產蛋白質的工作（轉譯）無法進行。但是，出乎意料的，在費爾的實驗中，注射大量正義或反義 RNA 對線蟲沒有什麼作用，但是只要注射一點點雙股 RNA，就會讓線蟲不停抽搐，這是肌肉基因失去作用的現象。針對其他線蟲基因做實驗，也得到相同的結果。他們還發現一個有趣的情形：以雙股 RNA 本身，或用經過基因改造的、可以製造雙股 RNA 的大腸菌餵食線蟲，可以得到同樣的效果。

為什麼會有這種現象呢？

細胞自衛的武器

研究人員發現，不管是真菌、植物、線蟲、果蠅，都有抑制雙股 RNA 的機制。譬如帶著單股 RNA 基因體的菸草蝕刻病毒，侵入菸草細胞並且開始複製的時候，得先合成整套雙股的基因組，這是許多病毒共同的現象。植物細胞偵測到長鏈雙股 RNA，立即啟動干擾作用，先把雙股 RNA 切丁，也就是切成一段一段的雙股 RNA，每一段長度約 22 個核苷酸，然後以這個序列當作線索去尋找序列一致的單股 RNA，這樣就會追獵到病毒基因體，當場捕殺，或是阻止它轉譯成蛋白。

在植物及果蠅的細胞內，有一種雙股 RNA 的分解酶，稱為切丁器，可以將外來的長鏈雙股 RNA 切成 20 ～ 25 個核苷酸的小型干擾 RNA。小型干擾 RNA 進一步結合細胞內的解螺旋酶及核酸分解酶，形成 RNA 導引的沉默複合體（RISC）。活化的複合體（RISC*）可以針對互補的 RNA 序列發揮分解、破壞、中止轉

譯的作用（圖 4-1）。

　　所以活化的複合體根本就是一手拿著相片，一手拿著武器的殺手，仔細搜尋細胞內往來雜沓的各色 RNA，只要確定對象就當場擊斃，對於不是完全確定的對象也至少給予擊昏，讓 RNA 失去功能。就生物體而言，這個作用可能一定程度地阻止了入侵的病毒或細菌。

　　古菌、真菌、動植物，也利用小型 RNA 管理基因表達。第一章介紹過，基因體上除了記載蛋白密碼的基因之外，還有很多只轉譯成 RNA，不再轉錄成蛋白質的段落。其中很多是一長串的 DNA，轉錄成初級 RNA，經過裁切成為長約 22 個核苷酸的單股微 RNA。微 RNA 與特殊的蛋白結合成複合體（RISC），複合體有一種重要的剪子，是一種 RNA 分解酶（酶的名字很怪，叫做 Argonaute〔扁船蛸〕），執行 RNA 干擾（圖 4-2）。我們人類的基因體至少編碼有 100 個以上的微 RNA，管理 60% 以上的基因。每一個微 RNA 又可以針對 100 種以上的信使 RNA 做修飾，主要是破壞信使，調低基因的表達。這些微 RNA 歷經演化的嚴格挑戰，至今仍然保留，是維持生命不可或缺的核酸零件。

　　具有 RNA 干擾效果的小型 RNA 可以統稱小型干擾 RNA，意思是一段長 21 ～ 25 個核苷酸的單股 RNA，可以結合到信使 RNA 的互補序列，讓信使斷裂分解關閉轉譯工作。有些小型干擾 RNA 也結合到互補 DNA 上讓 DNA 甲基化。

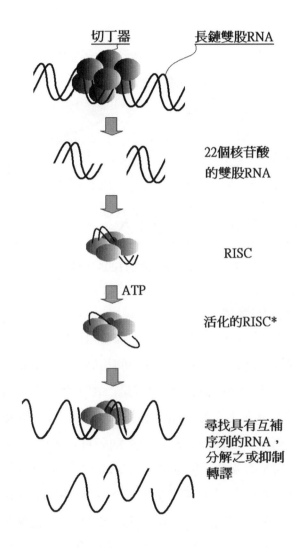

圖 4-1　植物及果蠅的 RNA 干擾

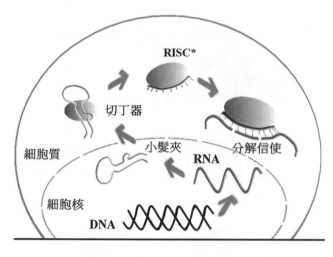

圖 4-2　哺乳類細胞的 RNA 干擾

RNA干擾的應用

　　RNA 干擾是生物細胞與生俱來謀殺 RNA 的機制，這種非常原始的本能，是真核生物普遍採用的策略。在演化的歷程中，RNA 干擾一直被保留下來，可知這是一種生存競爭不可或缺的機制。如果可以借用這種策略，利用人工合成的小型 RNA，針對傳染病、癌症、遺傳性異常蛋白疾病等實行 RNA 干擾療法，會是最美妙的醫療革命，也是生物科學偉大的貢獻。第二章曾介紹過的遺傳性異常蛋白疾病，如杭亭頓症及小腦退化症，是因為基因內有太多 CAG 連續重複而致病。CAG 是麩醯胺酸的密碼子，這種基因會製造有害的多麩醯胺酸鏈，堆積在細胞內毒殺神經細胞，造成神經系統退化，因此又稱多麩醯胺酸疾病。以往醫生對遺傳性異常蛋白疾病只能做支持性療法，如果能干擾製造異

雙股RNA還有其他調節基因的機制

除了小型干擾 RNA，長一點（超過 30 對核苷酸）的雙股 RNA 可以活化一種抑制轉譯的蛋白造成轉譯中止，也可以活化 RNA 分解酶讓雙股 RNA 解離，這是哺乳類細胞對抗病毒的重要武器。這個長度的雙股 RNA 還會引發干擾素反應，啟動細胞凋亡機制。因為干擾素反應是全面的抑制而不是特異的干擾，實驗室研究人員在設計小型 RNA 做生體實驗時必須非常小心，以免稍長的雙股 RNA 引發干擾素效應，抑制了細胞內所有基因，甚至造成細胞凋亡。

還有一種反義 RNA 的機制。反義 RNA 與信使 RNA 互補，當反義 RNA 與特定的信使結合，所形成的雙股 RNA 會被解離；反義 DNA 也可以產生這種效果。不過迄今幾乎所有利用反義原理進行的實驗結果都很差，最主要的原因，可能是細胞內原本沒有這個機制，沒有配合行動的酶，因而效果有限。

另外還有一種核酸酶，是更長（40～160 個核苷酸）的 RNA 特殊摺疊後有 RNA 分解酶的功能，可以解離特定的序列。

這些辦法都不如 RNA 干擾簡單、有效又具特異性，能擊殺指定的目標。這就是 RNA 干擾會一時獨領風騷的原因。

常蛋白的基因，將是人類首度有辦法根本矯治這一類疾病。

RNA 干擾應用在人體的第一個限制在於投予人體的方式未臻成熟。投予方式可以是直接投予 RNA，或利用質體（存在自然界的環形雙股 DNA）攜帶小髮夾 RNA 的模版，或利用病毒載體，依基因療法的方式進行。

基因體醫學爆發性進展到現在，就像來自四面八方的軍隊已經集結城下，只差一步就可以進城把搗亂份子揪出來。但是要如

何進城？如何避免錯殺無辜？誰找到辦法，誰就是開創者。

投予的辦法在各方努力之下，似乎出現一道曙光。麻省理工學院的陳建柱利用一種正電性的聚陽離子複合物攜帶負電性的小型 RNA 或 DNA。由於複合物可以保護包覆的核酸分子，因此只需少量經靜脈緩緩注入遭流感病毒感染的小鼠，就可以讓肺部病毒表現減少千倍。這個辦法日後可能發展成治療或預防感染的辦法，只是聚陽離子應用於人體的經驗有限，需要更多的佐證。

RNA 干擾的第二個限制是干擾效果持續的時間太短。譬如人類不死細胞株海拉細胞的分裂週期約 24 小時，投予小型干擾RNA 後大約 72 小時達最大的干擾效果。之後細胞繼續分裂，細胞內小型干擾 RNA 濃度會降低到失去干擾效果。此外，如果干擾的對象是一種效果可以維持很久的蛋白，就算信使被捕殺但是蛋白還在作用，等於沒有實際效果。

二、RNA 干擾機制的用途

人類基因體已經解碼至今仍然只有大約兩成的基因功能為人所知。利用小型干擾 RNA 關閉一個基因，看細胞出什麼問題，是方便的缺損實驗法，也是研究基因功能重要的方法。利用RNA 干擾確實讓基因研究得到很大的方便。RNA 干擾的功效既然那麼令人目眩神迷，應該如何製作短的雙股 RNA 供應實驗室或臨床應用呢？

　　傳統的 PCR 可以很方便就複製大量的互補 DNA，但是製作 RNA 則有幾個重大的不同，最主要的不同在於 PCR 的產物本身就是複製的模版，也就是被製造出來的 DNA 可以用來製造別的 DNA；而利用 DNA 模版製造出來的 RNA 則無法當作模版。這是因為使用的聚合酶特性不同：用於 PCR 的 DNA 聚合酶耐高溫，利用高溫把模版與產物構成的雙股 DNA 分開，單股的 DNA 就是下一輪聚合反應的模版。RNA 聚合酶則沒有耐熱特性，利用 DNA 製造 RNA 以後，如果加熱分離兩股，RNA 和 RNA 聚合酶都會被破壞，所以無法像 PCR 一般一輪兩倍地複製。

　　實驗室製作的 RNA 很難導入細胞內，還沒進入細胞就被分解了。必須用 DNA 進入細胞內，在細胞內才轉錄 RNA。冷泉港的韓能建立一個在細胞內製作小型雙股 RNA 的方法：在質體環形 DNA 內插入啟動子—複製序列—終止序列，可用來在細胞內合成小髮夾 RNA（圖 4-3）。這種加工的質體設計過程比較麻煩，但是設計成功之後，可以大量製造。韓能發現針對老鼠抑癌基因（p53）製作的小髮夾 RNA，可以穩定地消除造血幹細胞抑癌基因的功能，把植入小髮夾質體的幹細胞注回老鼠體內，會造成癌症。此外，針對 p53 基因不同的部分製作的小髮夾可以造成不同的效果，譬如有的產生良性的增殖，有的產生瀰漫性惡性血癌，全看個別小髮夾抑制基因的強度而定。

RNA干擾阻擋愛滋病毒

利用 RNA 干擾機制還可以阻斷愛滋病毒（HIV）入侵培養

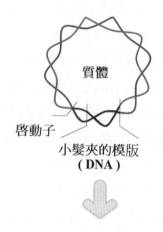

質體

啓動子

小髮夾的模版
（DNA）

⬇

小髮夾RNA

NNNNNNNNNNNNNNNNNNNUUCAAGAGANNNNNNNNNNNNNNNNNNNUU

◀—— 反向互補 ——▶

⬇

小髮夾

NNNNNNNNNNNNNNNNNNN UUCA
UUNNNNNNNNNNNNNNNNNNN AGAG

⬇

小型干擾RNA
（siRNA）

NNNNNNNNNNNNNNNNNNNUU
UUNNNNNNNNNNNNNNNNNNN

圖 4-3　利用質體生產小型干擾 RNA

表4-1：1984年至2019年底台灣愛滋病患流行現況

存活情形	感染人數（含發病數）		發病人數	
	累積個案數	百分比	累積個案數	百分比
死亡	6,784	17.1%	4,412	23.32%
存活	32,822	82.74%	14,493	76.6%
離境	63	0.16%	16	0.08%
總計	39,669	100.00%	18,921	100.00%

（資料來源：疾病管制局）

細胞。

　　目前全球有 3340 萬人過著與愛滋病毒共存的日子。其中八成在非洲，一成五在亞洲。單以 2008 年而論，全球共有 270 萬愛滋病新病例，其中有 43 萬個 15 歲以下的小孩，及成人 230 萬，男女各半；死於愛滋病的人有 200 萬，其中包括 28 萬個 15 歲以下的小孩，及男女各半的成人。換句話說，全球每天新增 7400 個愛滋病例，同時每天有 5500 人死於愛滋病。

　　這麼多新增病例是怎麼傳染的呢？根據世界衛生組織的說法，目前全球愛滋病毒最主要的傳播途徑是男女之間沒有防護的性行為。是不是跟你的觀念不太一樣？

台灣與全球統計資料最大的差異，在於不論是感染、發病，或死亡，台灣資料男性都占約 92%，而不是男女各半；20 歲以下的人占約 2.5%，而非一到兩成。

目前對抗愛滋病最有效的療法，是以抗病毒藥物為基礎的治療。利用新發現的 RNA 干擾機轉，能有更好的療效嗎？科學家針對愛滋病毒製作小型干擾 RNA，並導入培養的淋巴球裡面，結果隨後入侵的病毒在還沒嵌入淋巴球的 DNA 之前就被分解了。但是愛滋病毒是一種複製精準度很差的病毒，每複製一代會有 0.1% 的核苷酸出錯，分子武器的標的可能很快就突變了，一旦標的突變，武器就失效了。所以必須針對病毒基因體不同的部位與針對淋巴球表面的愛滋病毒出入口同時實施 RNA 干擾，才能發揮最好的效果。

淋巴球表面的愛滋病毒出入口有兩道門，第一道門在細胞表面（CD4 蛋白），第二道門在細胞質（CCR5 蛋白），通過這兩道門病毒基因體才能進入細胞，開始所有的活動（圖 4-4）。以淋巴球培養細胞做實驗，針對第一道門基因設計的小型 RNA 分子武器會讓第一道門數量減少。這種淋巴球和未經處理的淋巴球一起暴露於病毒後，處理過的細胞病毒量明顯地比較少，表示病毒進入細胞的門戶受阻。

關於第二道門，基因有缺陷的人並沒有明顯的損失，但是對愛滋病毒有天然的抵抗力，這一點在第二章已經提過，許多白人就是這種情形。因此，針對第二道門設計分子武器，應該也是不錯的策略。

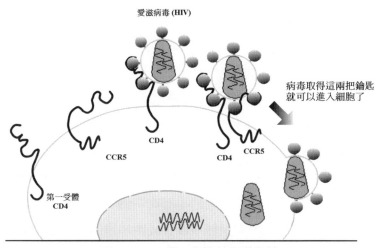

圖 4-4　HIV 進入細胞的兩道門鎖

關於愛滋病

　　愛滋病是由反轉錄病毒家族慢病毒屬的 HIV-1 病毒侵入人體造成的。愛滋病毒進入淋巴球（CD4）後，在細胞內利用本身特有的反轉錄酶（RNA → DNA）及細胞的轉錄酶（DNA → RNA）完成複製。HIV 病毒有許多種破壞細胞的辦法，例如造成細胞與細胞融合、抑制細胞合成蛋白質，搗亂免疫與細胞凋亡的調節等。一開始被感染的淋巴球會分裂增生，新生的細胞更容易遭受感染破壞，破壞速度超過補充速度，於是淋巴球數目日漸減少。淋巴球因為感染病毒而功能減退或數目減少時，免疫系統隨即出現問題，受淋巴球指揮的免疫細胞功能受損，感染和腫瘤便接踵而至。

　　除了人類愛滋病毒以外，慢病毒屬還有獅免疫不全病毒跟貓免疫不全病毒等。據野生動物專家統計，1980 年非洲有 20 幾萬頭獅子，至今約只剩下 1 萬頭。為什麼？除了棲息地被破壞，天敵人類數量增加，愛滋病也是元兇。非洲獅的愛滋病原就是慢病毒屬的獅免疫不全病毒。

RNA干擾敲除基因

　　RNA 干擾技術也可以用來製造基因敲除的動物供實驗室使用。要瞭解基因的功能，必須先利用大量的近親交配產生剔除基因的個體，與未剔除基因的個體比較。這個過程非常繁瑣耗時，需要近親繁殖許多代，但一向是基因研究的標準步驟。人類每個細胞每天有一萬個鹼基因為氧化而受損，有一種修補基因（*NEIL-1*）專門負責修補這種傷害。如今科學家利用 RNA 干擾技術，把可以干擾修補基因的小髮夾質體導入小鼠胚胎幹細胞內，再把幹細胞注入尋常鼠胚，以長成由尋常的胚胎細胞與外來的幹細胞嵌合而成的小鼠。這種小鼠是由不同的遺傳結構組成的個體，就像是希臘神話裡獅頭、羊身、蛇尾的吐火獸，一個個體卻雜合多種特性，稱為嵌合體。結果嵌合體心臟、肝臟、脾臟等器官的細胞只要含有小髮夾質體的，修補基因都呈抑制狀態。

　　嵌合體的生殖母細胞來源如果是外來的幹細胞，會產出基因敲除的子代。敲除與剔除不同，基因還在，只是不能表現而已。因此，在人為控制下利用 RNA 干擾施行基因敲除，取代需大量近親交配才偶然產生的基因剔除品系實驗動物，已經是基因研究的潮流所趨。

　　針對這個新的用途，韓能的實驗室有一個人與鼠基因的小髮夾 RNA 資料庫，資料庫內容包括人類兩萬基因和鼠一萬個基因，每個基因三組小髮夾，研究者可以針對各個基因做深入的探索，包括基因的功能、基因的相互影響，及動物模式的建立等，以前非常難以操作的實驗條件將可以變得很容易。而且這種研究

與臨床的治療接近，例如利用基因敲除尋找癌細胞存活的罩門，就可以拿它來當作獵殺背叛的細胞時下手的靶心。

三、RNA 干擾成功治療小鼠的肝炎

RNA 干擾的目標應該針對哪些 RNA 才有助於治療肝病呢？要設計小型 RNA 的時候，我們必須先瞭解肝細胞發炎的幾個重要關鍵，才能操控關鍵性的基因信使，守護住這些關卡。

RNA干擾關閉細胞自毀開關

細胞有一種自毀開關（Fas 受體），是啟動細胞凋亡的起始蛋白。可以想像那是星際戰艦上一個必須用鑰匙才可以啟動的自毀開關，一旦開啟，戰艦就會瓦解。每一種細胞都有自毀開關，例如淋巴球、肝細胞等。有一種白血球（CD4），不但有自毀開關，還可以製造自毀開關的鑰匙（Fas 配位體），鑰匙一插上開關，發炎與自毀的程序就啟動了。

這一把鑰匙也可以讓 B 細胞、星狀細胞等重要的免疫細胞凋亡，所以自毀開關是重要的免疫調節器，也是免疫疾病的媒介。比如自體免疫的疾病，CD4 白血球會拿著鑰匙去開啟特定器官的細胞，破壞細胞。這個途徑也可能是人類猛爆性肝炎的關鍵，因為肝細胞表面有許多自毀開關，許多肝病就是由它啟動一連串的變化造成的。而病毒、活躍的免疫系統及酒精，則是讓細胞製造

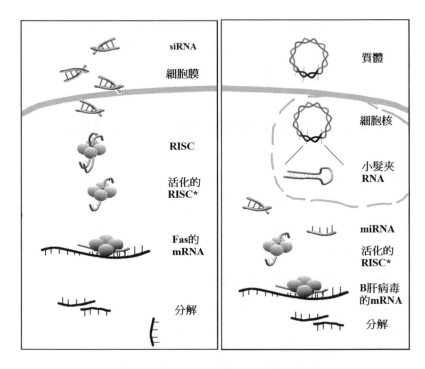

圖 4-5　利用 RNA 干擾治療肝病的想法

許多自毀開關跟許多鑰匙的加速器。

　　有沒有辦法拔除這個開關，保護細胞不受摧殘？哈佛大學的華裔科學家宋爾衛與黎柏曼，針對自毀開關的基因設計分子武器，利用 RNA 干擾戰術進行肝炎的研究（圖 4-5）。結果顯示，RNA 干擾可以：

　　1. 減少培養細胞自毀開關的數目。

　　2. 防止急性肝炎：以肝毒性甚強的伴刀豆球蛋白（ConA）注射老鼠，小鼠出現嚴重的肝炎。但是如果在注射之前兩天先投

予分子武器，鼠肝不會發炎，效果非常明顯。

3. 防止肝硬化：每週給小鼠注射一次低劑量伴刀豆球蛋白，連續注射六次，並且在第二次之後 24 小時投予分子武器，在第七週用顯微鏡檢查肝臟時，完全沒有肝硬化的跡象。未投予分子武器的老鼠，則出現發炎與肝硬化。

4. 防止猛爆性肝炎造成的死亡：更進一步的實驗，他們用專門開啟自毀開關的蛋白，注入 40 隻小鼠的腹腔，結果 40 隻小鼠全部在 3 天內死於肝衰竭。另外 40 隻小鼠先注入分子武器，結果有 33 隻健康地活下來了。

這個實驗透露出一道治療肝臟疾病的曙光。免疫疾病或感染引發的肝炎一向以來都是以支持性療法為主，然而療效甚差。如果 RNA 干擾是一種有效又可行的療法，人類對抗肝病的辦法將全面改觀。

RNA干擾減少B肝病毒

利用 RNA 干擾也可以減少 B 肝病毒含量。B 型肝炎不僅是我國特殊疾病，也是全球主要傳染病。估計全球約有四億人是 B 肝病毒慢性感染的受害者，其中每年大約 100 萬人死於肝衰竭或肝癌。目前干擾素合併反轉錄病毒抑制劑拉美芙錠（肝安能）的療法只有 20% 的患者受惠，必須尋找其他的辦法，RNA 干擾是最受注目的焦點。以小型 RNA 當作武器的缺點是這種武器容易被破壞，因為 RNA 的穩定性遠不如 DNA。改進的辦法就是投予 DNA 當作模版，讓細胞根據模版製作 RNA。史丹佛大學的馬開

弗里利用質體攜帶一段特殊設計的 DNA，這段 DNA 可以轉錄小髮夾 RNA，發揮干擾的效果。

馬開弗里針對 B 肝病毒的複製酶、表面抗原與核心抗原的基因設計 RNA 干擾質體，利用高壓把質體注入患 B 型肝炎的活鼠體內。結果老鼠肝細胞內 B 肝病毒明顯減少，病毒表面抗原減少八成以上，肝細胞內病毒核心抗原更剩下不到原來的 1%。這個結果證實 RNA 干擾可以獵殺哺乳類身上的 B 肝病毒，其效果遠勝於現存的任何一種療法。

前述的幾個研究都是以研究動物作為實驗對象，不知道可否利用 RNA 干擾處理人類的 B 型肝炎？香港的陳英（音譯，Ying Chen）針對 B 肝病毒製作小髮夾質體，投予培養在實驗室的人類肝癌細胞，72 小時後用即時聚合酶連鎖反應定量肝癌細胞內的 B 肝病毒 DNA，結果病毒 DNA 減少九成以上。如果同時投予小髮夾質體與拉美芙錠藥物，則效果是單用藥物的六倍、單用小髮夾質體的三倍。效果非常好，只要能突破人體投予方式的瓶頸，就是 B 肝患者清除體內病毒的希望之所寄了。

四、臨床使用的 RNA 干擾藥物

科學家發現的 RNA 干擾功效令人充滿期待，頂級生技公司也積極投入，希望讓科學發現商品化造福人群。迄今為止，有數十種 RNA 干擾製劑在臨床實驗的審查過程上一步一步前進。例

如，準臨床產品市占率五成以上，實驗室產品市占率七成五，遙遙領先同業的美國 Alnylam 製藥，擁有的對抗呼吸道融合病毒、對抗血管新生（治療癌症或視網膜病變）等小型 RNA 產品已經進入臨床試驗，並取得默克、羅氏等大藥廠的資金挹注。輝瑞藥廠也有針對血管新生基因的 RNA 干擾產品進入臨床試驗。其他藥廠還有幾種針對腫瘤細胞設計的產品即將進入臨床試驗。

利用 RNA 干擾原理開發的的熱門新藥排行榜上，有一種可以暫時關閉 *p53* 基因的產品（夸克製藥與 Alnylam 製藥合作的 QPI1002）。由於在 DNA 受損、細胞缺氧、氧化壓力等狀態下 *p53* 會主導細胞凋亡，暫時關閉它可以讓細胞度過一段艱難的時刻，不啟動自毀程序。例如心臟移植手術時要先建立體外循環，過程中會讓 1/5 的患者因為腎臟一時缺血而發生急性腎衰竭，這些急性腎衰竭的患者當中 2/3 因此死亡。先給患者打藥暫時關閉 *p53* 基因，保存腎臟功能，讓患者度過短暫的窘迫，應該是個不錯的主意。其他用途還包括腦中風的時候，趕快打一支藥，可以保存腦細胞；癌症化療時給頭皮投藥，避免掉髮等等。這個產品也已經進入臨床試驗。

高血脂症的患者會注意血液低密度脂蛋白膽固醇的濃度，因為低密度脂蛋白膽固醇是一種不好的膽固醇，濃度越高越容易罹患冠狀動脈疾病。傳統的降血脂藥物對部分患者療效不佳，而且作用比較慢。因此生技公司針對低密度脂蛋白的一種成分，即膽固醇代謝過程中具關鍵重要性的脂蛋白元 B 的基因（*ApoB*），設計了小型干擾 RNA，並且在小動物實驗表現出很好效果。加拿

RNA干擾是高等生物的防衛機制，也是病毒入侵人類的工具

有了 RNA 干擾這個戰術，是不是人類終於找到終極武器，可以控制微生物、原蟲，及動植物所有的基因了？看起來似乎是的，只要找到適當的小型 RNA。RNA 干擾就像是「人是萬物之靈」這句話的分子基礎，人造小型 RNA 可以操控基因，這個事實確確實實激起無比的想像。但是，洛克菲勒大學的菲佛於 2004 年發表論文指出，DNA 病毒在人類細胞內也會利用 RNA 干擾戰術控制病毒及人類的基因。

他的實驗是這樣的：在伯奇氏淋巴瘤培養細胞中尋找所有的小型 RNA，結果其中有 4% 是來自 EB 病毒。分析這些小型 RNA 的序列，發現它們具備微 RNA 小髮夾反向互補的特性。利用電腦比對這些微 RNA，結果有兩組基因是它們作用的目標，一組是病毒本身的複製酶基因，一組是細胞的基因，包括細胞分裂與凋亡的調節者和信息傳遞分子的基因。

這代表什麼意義呢？ EB 病毒造成伯奇氏淋巴瘤時，病毒必須關閉複製酶，進入潛伏狀態，否則會破壞寄居的細胞；另一方面病毒會搞亂嚴密的細胞週期，讓細胞無限制分裂，這正是細胞癌化的第一步。菲佛的發現明白指出，EB 病毒的基因體就有 RNA 干擾的能力，而且干擾的對象就是本身的複製酶和人類抑癌基因，正可以解釋 EB 病毒致癌的秘密。

所以 RNA 干擾不僅是高等生物防禦低等生物的戰術，低等生物也採取一樣的戰術侵犯高等生物。

大的 Tekmira 製藥公司把這種小型干擾 RNA 打包成穩定核酸脂粒（ApoB SNALP），是一種正電荷奈米脂粒，小型 RNA 包裹在脂質裡面。2010 年已經完成第一階段的人體試驗，實驗首要目的

是安全性和耐受性評估，次要目的是療效。結果受試者用藥後安全性和耐受性沒問題，療效則達成暫時性的低密度脂蛋白膽固醇濃度降低約 20%。

　　從費爾於 1998 年發現 RNA 干擾以及涂須爾於 2001 年發現小型干擾 RNA 以來，有許多研究指向 RNA 干擾的人體臨床應用，看看能不能為現代醫療加上這種全新的療法。由於小型 RNA 產品的幾個性質，要把它們導入目標細胞內有很大的障礙，這些不利的性質包括：1. 小型 RNA 算是很大的分子，不容易進入細胞；2. 小型 RNA 分子帶負電荷，會被也帶負電荷的細胞表面排斥，不容易進入細胞；3. RNA 在生物體內太容易就被分解了，不是穩定的分子。如果把小型 RNA 產品直接打入針頭到得了的部位，例如眼球或腫瘤，或是放在噴霧中經鼻吸入到肺部，還比較容易；若要讓小型 RNA 產品進入全身，或是肝臟這個大型代謝中樞，就必須有特殊的包覆技術，如前述已經進入人體臨床試驗的正電荷脂粒。現在還有一種類脂質載體，在小動物和猴子身上展現很好的效果，可以用更少量的小型 RNA 就達到干擾的效果，而且可以到達肝臟等大型代謝器官。未來如果人體試驗有一樣的效果，就更可以避免或減輕因為用量太大帶來的副作用。

5 細胞叛變

　　人的一生大約要用掉一萬兆個細胞，這些細胞都是從一個受精卵經過無數次分裂而來。細胞分裂就像潮汐，是眾多力量均衡牽扯所達成的細膩現象。這些力量一旦失去均衡，生命就無法持續了。

　　人有生命週期，每一個構成人體的細胞也有自己的生命週期。多細胞生物的細胞生命週期有其固定的分裂與休止節奏，細胞收到生長素的指令，基因體會製造週期素及依賴週期素的激酶，一起嚴密控制這個節奏，推動細胞分裂的轉輪。細胞增殖的主要步驟一個是合成新的 DNA（S）；一個是有絲分裂（M），它們之前分別有一段準備期，間期一（G1）與間期二（G2）。但是分化成熟的細胞不再分裂，例如大部分的肌肉細胞或神經細胞，

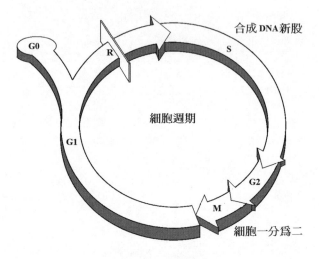

圖 5-1　細胞週期

則是處於間期 O（G0）（圖 5-1）。

　　在間期一，細胞接到各種激素準備分裂的信息，開始生產與累積週期素和激酶；這一期的中途有一個不歸點（R），過了不歸點就不需要生長素的信息了，細胞會繼續進行分裂的步驟，因此如何管制不歸點就非常重要。要讓細胞在控制之下分裂，就要嚴密管制好不歸點，同時不能讓細胞走旁支小路；否則分裂一旦失控，就有可能衍生癌症。

　　在醫學領域裡，對於 DNA 研究最深入、也最有成績的就屬癌症。因此透過癌細胞的形成，看基因如何調節細胞週期是一個好的切入點。癌細胞的形成是一個既精密、複雜，又高度邏輯的過程。站在癌細胞的立場來看，這一條艱辛的路程首先要克服的

就是如何讓細胞不正常增殖，也就是要取得細胞週期的控制權；
接下來是如何讓細胞不正常分化與分布；最後則是要如何讓這些
細胞獲得營養供給的優勢，並且永遠不死。你不覺得癌細胞具備
一種我們非常熟悉的社會性格典型嗎？人類的麻煩大了。

一、癌是基因的疾病

　　癌症是一種基因的疾病。這句話是什麼意思呢？癌細胞的特
性主要有兩點：1.細胞分裂失控，無限制增殖；2.細胞出現在不
應該出現的地方，分布錯誤。

　　基因嚴密控管著細胞的分裂與分布。外來的物理、化學、
病毒或遺傳等因素，讓基因失去正常的調節，造成控管分裂或分
布的基因突變，因而一步一步發生癌變。在第一個癌細胞形成以
後，就很有機會繁殖成惡性腫瘤了。因此有人主張，所有的惡性
腫瘤都起因於單一體細胞的癌變，腫瘤細胞是一個癌細胞的子
孫，都是單一細胞的複製品。

癌症有遺傳傾向

　　癌是一種基因疾病的另一個佐證，就是遺傳傾向。一個人遺
傳到某些特定的基因時，罹患癌症的機會大增。有一些癌是家族
性的，例如大腸直腸癌、乳癌以及神經母細胞瘤，家族性癌症大
約占所有癌症的 5%～10%。

剩下的 90% ～ 95% 是什麼呢？其中一部分是基因發生新的突變，還有一大部分是基因調節的問題。譬如抑癌基因被關閉，或是主宰細胞分裂的基因被激活：基因本身沒有問題，問題出在調節基因的主導權遭外來因素所奪取。

致癌物是造成突變的誘變劑

基因是很穩定的物質，才能一代傳過一代，維持著毫不失色的生命。究竟是什麼樣的外來因素讓基因起變化，造成癌症呢？早期對於癌症的流行病學觀察，最著名的就屬十八世紀倫敦醫生波特的發現：掃煙囪的小童工容易得陰囊皮膚癌。當時一些貧苦的小孩光著身子進入煙囪清掃煤灰，不到二十歲就得了陰囊腫大的怪病而死。後來才知道，原來煙囪內壁吸附了許多焦油等致癌物，光著身子的小童工爬進爬出的時候，陰囊沾滿了這些致癌物，造成皮膚病變。

接著陸續有人發現生活內容跟一些癌症有關聯，例如吸菸的人得鼻咽癌的比率高得出奇，德國東部瀝青鈾礦工人得了罕見的肺癌，接觸 X 光的人容易罹患皮膚癌和白血病。這些現象讓癌症的真面目逐漸脫離古老的傳說而露出真相。

二十世紀前半葉，科學家利用兔或鼠研究物理和化學因素致癌的情形，結果找出很多致癌物。到了 1970 年代，美國的艾姆斯利用沙門氏菌測試化學物質對基因的影響。他利用無法自行合成組胺酸的沙門氏菌品系，加入想測試的物質，再加入鼠肝萃取物，在不含組胺酸的培養基培養。如果測試的物質可以讓細菌 DNA 突變，

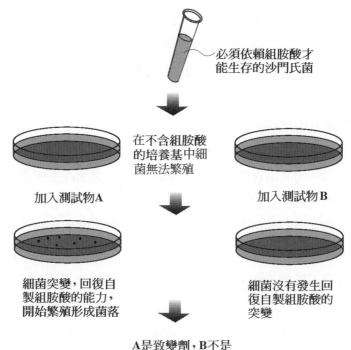

必須依賴組胺酸才
能生存的沙門氏菌

在不含組胺酸
的培養基中細
菌無法繁殖

加入測試物A

加入測試物 B

細菌突變，回復自
製組胺酸的能力，
開始繁殖形成菌落

細菌沒有發生回
復自製組胺酸的
突變

A是致變劑，B不是

圖 5-2　艾姆斯測試法

回復自製組胺酸的能力，細菌才能繁殖，沒有突變回來的細菌就不
能繁殖。結果發現，容易使基因突變的物質，也是容易讓兔或鼠致
癌的物質，證實了致癌物即誘變劑的理論（圖 5-2）。

　　培養的細菌數量大、分裂快，只要 20 分鐘就可以繁殖一
次，研究起來比哺乳類方便多了。如今更用艾姆斯的方法測試新
藥，以排除誘變物。當然有些致癌物用這個方法測試不出來，如
戴奧辛。也有藥物用這個方法測出有誘變性，如一種最常用的抗
結核藥（INH），臨床使用卻沒有問題。細菌的繁殖速度快這一點

有利於實驗，但是細菌沒有像人體般複雜的代謝歷程，有些物質經過哺乳類代謝，也許會產出具誘變性的代謝產物，這就是加入鼠肝的目的，可以讓實驗更接近哺乳類體內環境。

輻射如何致癌

除了越來越多化學品致癌的觀察得到證實，物理因素致癌也引起重視。尤其落在廣島、長崎那兩顆原子彈讓許多倖存者罹患癌症，輻射跟癌症就脫不了關係了。史上最大的輻射外洩事件跟戰爭無關，是發生於 1986 年 4 月 26 日，烏克蘭的車諾比核電廠爆炸事件。爆炸後輻射塵涵蓋的範圍極廣，連鄰近國家都遭殃。

這場意外讓 670 萬人暴露於外洩的游離輻射之中。據烏克蘭綠色和平統計，爆炸事件後十年內總共造成 32000 人死亡。對健康最主要的影響是兒童及青少年罹患甲狀腺癌的機會大幅增加，遭輻射污染的兒童得到甲狀腺癌的機會比一般兒童高出十倍。這是因為游離輻射使環境中充滿碘的放射性同位素碘 134，這種碘污染了牛奶、蔬菜、飲用水，讓需要從自然界攝取碘來製造賀爾蒙的甲狀腺長期處於輻射的危害。

游離輻射會造成 DNA 突變。突變可能讓倖存者致癌或器官衰竭。更可怕的是，突變的效果也有可能是隱性的，假如突變發生在生殖細胞，後果在下一代才會顯現，畸形兒的比例會升高；就算沒有畸形，也有其他遺傳病的顧慮。

遭車諾比輻射危害的兒童罹患的甲狀腺癌，大部分是乳突性甲狀腺癌。罹患這種癌症的人 80% 有一種重組的致癌基因（*RET*

／ PTC），是一種細胞激素受體基因（RET）的活化型。這個基因位於第 10 號染色體，主導與細胞分裂有關的激素受體的合成。由於輻射造成 DNA 突變、斷裂，並且錯誤地重新組合，而與其他基因合併成重組基因，受體基因受到其他活躍基因的過度啟動，終於擴大錯誤的分裂信息，讓細胞不受限制地分裂。

日本廣島的水野教授移植人類甲狀腺到實驗老鼠身上，再暴露於 50Gy（等於 5000 雷德）的 X 光，一般人的癌症放射治療大約 70Gy。結果老鼠身上的人類甲狀腺細胞發生基因重組，形成致癌的組合基因。這個實驗證實了 X 光可以讓染色體發生變化，因而致癌的說法。

基因體內的兩千個癌症推手

如今基因體解碼技術進步，針對癌細胞分析基因體已經是癌症研究的新方向。雖然目前經由基因體解碼找到的癌基因只有 300 個，但是科學家估計至少有 2000 個基因是形成癌症的推手。以前的統計，形成一個癌症是 5 ～ 7 個癌症基因協力作用造成的。新近的癌症研究則發現一個血癌細胞有 750 個突變點，大部分發生在基因體無關緊要的地方，但是有 64 個突變發生在保守區，也就是基因體中很少發生突變的區域，其中 7 個在蛋白編碼區，符合先前的臆測；還有五十多個突變在非編碼區，目前還不知道它們的意義。從這些研究可以明白，形成癌症，是基因體出了大問題，在細胞飆向癌症的路途上，除了致癌基因、抑癌基因等主要角色之外，還要很多同謀。

二、雞為什麼長了肉瘤？

癌症病毒

「病毒會致癌」這句話，到現在還會讓許多人露出驚訝的表情。其實在將近一個世紀以前，羅斯就用實驗證實病毒與癌症的關係了。他拿雞的惡性肉瘤組織去研磨，然後用陶瓷過濾，取過濾液注入健康雞身上，結果健康雞也長了肉瘤。後來發現致病因子是一種 RNA 病毒，現在叫做羅斯肉瘤病毒。

半個世紀以後，研究者發現有一種不會讓雞致癌的羅斯肉瘤病毒的近親病毒，比對這兩種病毒，羅斯肉瘤病毒多出一段基因（*src*），這個肉瘤基因應該就是造成肉瘤的原因。問題是羅斯肉瘤病毒怎麼會多出一段基因？這個基因又是怎麼致癌的？

不死細胞株

要回答這些問題必須先突破一個關鍵技術──細胞培養。如果所有的實驗都在活體進行，實在是一件麻煩事。惟有建立細胞模式才能進行大量實驗，而且實驗條件才能精確控制。細胞模式的進展是 1960 年左右開始的，因為此時實驗室終於成功培養了哺乳動物細胞。培養基含有適當的維生素、胺基酸、醣類、礦物質以及動物血清時，取自人體的細胞可以培養一段時間，但頂多也只能繁殖五十代左右。

這種情形在出現不死細胞株之後有了重大突破。常用的不死細胞株有海拉細胞、鼠胚纖維母細胞、中國倉鼠卵巢細胞，及老

鼠的纖維母細胞（NIH-3T3）。這些細胞通行於各個實驗室之間，沒有基因重組的問題，符合實驗條件必須一致的要求，因此不同的實驗室可以互相比較實驗結果。

其中唯一的人類細胞株——海拉細胞，取自一位非裔美國婦女海拉的子宮頸癌組織。1951 年，三十一歲的海拉因為腹部腫瘤疼痛，前往附近唯一提供黑人免費醫療的約翰霍普金斯醫院就醫，醫生診斷出她罹患了子宮頸癌。當時醫院裡有一位科學家蓋喬治，已經從事細胞培養 30 年，他希望在人體外培養癌細胞，才方便研究癌症的病因和嘗試治療方式。之前蓋培養的癌細胞幾乎都很快就死了，就算沒死，也沒辦法生長。但是這一回不一樣，海拉的子宮頸癌細胞在蓋喬治的培養基內竟然能持續生長，而且 24 個小時就複製一次，生生不息，他的努力不懈終於開花結果。美中不足的是，當時海拉並未同意她的細胞要讓科學界使用，而且海拉於半年後過世，生前她完全不知道自己對科學界有多麼重大的貢獻。如今，海拉細胞成為全世界生物科學實驗室共通的人類細胞株，應用研究範圍涵蓋了生化、藥物、疫苗、病毒、感染症、蛋白質、遺傳等等層面。

海拉細胞是子宮頸表皮細胞遭受人類乳突病毒第十八型（HPV18）的感染，造成癌變，也就是細胞週期跟正常細胞不一樣。正常染色體兩端有成串的端粒，細胞每次分裂都會損失一些端粒，但是端粒越短就越不容易繼續分裂。海拉細胞不死的秘密是因為這個細胞有端粒酶，每次分裂後會補足染色體端粒，因此成為永生細胞株。

認識DNA

利用培養細胞轉型的特點研究病毒如何致癌

　　培養皿中非癌細胞的生長，遵循四個特點：分別是呈扁平狀，依附固態培養基生長（液態培養基無法生長），依序成單層或少數幾層生長，以及接觸抑制（細胞接觸到相鄰細胞即停止分裂生長）。但是如果有腫瘤病毒融入細胞，則細胞會長成球狀，不受接觸抑制而形成一個瘤。這種轉型細胞也可以在非固態培養基中生長。

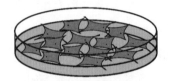 

正常的培養細胞　　　　　培養皿中央出現轉型細胞

病毒基因融入細胞基因體

　　培養的細胞如果被腫瘤病毒感染，會發生什麼樣的情形？病毒侵入細胞後，可能走的路有兩條：一是溶解，就是經過大量複製，終於造成細胞破裂溶解；另一條路是融入，也就是病毒基因潛伏在宿主細胞裡面，病毒停止複製，這時病毒宛如消失一般，既不繁殖，也不會溶解細胞。但是，被腫瘤病毒融入的細胞會轉型，這是非常重要的特性，研究腫瘤病毒的科學家終於可以在培養皿觀察致癌的現象了。

　　造成細胞轉型的是病毒的哪些基因呢？科學家發現，病毒基因可以分為兩大類，一種是結構基因，生產病毒的結構蛋白；一

種是功能基因,生產病毒複製所需的酶;其中致癌的大部分是功能基因。病毒融入細胞後,它的功能基因仍然保有基因調節或轉譯蛋白的功能,這種潛伏的狀態往往比複製更可怕。

　　癌症的患者逐年增加,對於癌症致病因子的追尋也加緊進行。大約 30 年前,科學家利用肉瘤基因的互補 DNA 當做探子,搜尋到底哪些生物有肉瘤基因。他們首先證實雞的肉瘤細胞有,跟事先的猜測一致。

病毒致癌基因的來源

　　不過研究者以正常雞肉細胞作為對照組時,發覺正常細胞也有肉瘤基因,這該如何解釋?接著他們又在許多動物身上,果蠅、魚和哺乳類,都發現肉瘤基因,甚至人類也都有。一時之間,肉瘤基因代表什麼意義太令人眩惑了。科學家還發現攜帶不完整肉瘤基因的反轉錄病毒,依然能夠讓動物罹癌,再從這個癌細胞裡頭分離出來的病毒,則已經有完整的基因。這個現象表示病毒可以從寄主的 DNA 捕獲遺失的致癌基因片段。

　　這些發現的重要性,在於指出所謂的致癌基因,是病毒從寄主身上捕獲而來。捕獲的過程應該是這樣的:RNA 病毒進入細胞,反轉錄自己的 RNA 為互補 DNA,恰巧也對細胞的信使 RNA 做一樣的事,而且合併為一段 DNA,這一段 DNA 就是用來合成病毒基因體的模版。等到病毒基因體製作完成,打包脫離細胞的時候,就擁有細胞基因的複製品了。如果被病毒竊取的是促進細胞分裂的基因,病毒就具備致癌的能力。

看得出來病毒竊取的基因跟細胞原來的基因有什麼差異嗎？病毒竊取的基因只有表現序列，而細胞基因則是幾段表現序列夾雜著長長的插入序列。因此，如果插入序列有基因的開關，竊取的基因沒辦法透過這種開關調節，完全聽命於病毒基因體的啟動子動作。這類基因原本是正常細胞可以掌控的必要基因，經過病毒這一關，變成失控而致癌的基因。

三、癌症是數種基因攜手打造的怪物

多細胞生物體內需要錯綜複雜的信息傳遞協調整合，各個細胞才能井然有序啟動特定的基因，發揮對整體有益的功能。這種信息傳遞的過程，簡言之是這樣的：遠方來的第一信使（可能是賀爾蒙、生長素或是類胰島素分子）和細胞表面的特定受體結合。被活化的受體進而激活細胞質內的第二信使，藉此把信息擴大傳布到細胞質。眾多信息構成的網絡經過強化或抵銷，最終傳入細胞核整合。在這裡，信息分子活化 DNA 結合蛋白，結合蛋白啟動 DNA 複製或是轉錄，基因的最終產物則轉而調節細胞的分裂與生長（圖 5-3）。

因此信息傳遞是細胞分裂的關鍵。錯誤的或是假造的信息，可能讓生物體一部分的細胞過度複製，危及整體生存。1970 年前後，科學家受到啟發，努力在禽和鼠的身上尋找病毒與癌症的關係。後來果然找到不少致癌病毒，雖然這些病毒不會讓人類罹

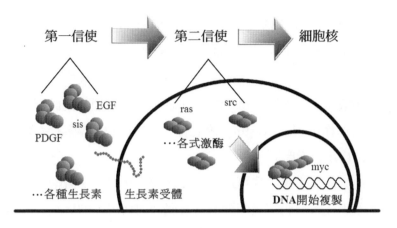

圖 5-3　信息傳遞是細胞複製的第一步

癌，卻為我們解開了癌症形成的奧秘。下列這些物質是信息傳遞的幾個要角，它們也是正常細胞變成癌細胞的罩門，癌症是其中的數種攜手打造的怪物。

被竊取的信息因子基因

1. 來自血小板的生長因子（PDGF）：一種信息分子，血小板在傷口釋出，用來刺激細胞分裂藉以修補傷口。有一種反轉錄病毒（SSV），基因體包含一段致癌基因（*sis*），產生的蛋白就跟來自血小板的生長因子雷同，是病毒竊取來的。

2. 血管內皮生長素（VEGF）：癌瘤長到 100 萬個細胞、大約一粒米大小的時候，原來的血液供應系統就不夠用了。這時腫瘤要進一步生長就必須有專用的血管，因此癌細胞會分泌血管內皮生長素引導血管新生，是形成腫瘤的必要條件。針對這個

關鍵，哈佛大學的佛克曼找到一種可以阻止生長素的人造化合物（Endostatin，血管內皮抑制素），理論上應該可以拿來治療癌症，只是到目前為止，人體使用還沒看到滿意的效果。現歸屬於羅氏藥廠旗下的生技公司（Genentech）生產一種拮抗血管內皮生長素的單株抗體（Avastin，癌思停），使用在已轉移的大腸癌可以延長病患存活時間。

血管內皮生長素也可以拿來臨床使用，例如伊斯納醫生拿生長素基因注入心肌，可明顯改善心肌缺血症患者的症狀（詳情請看基因療法）。

3. 表皮生長素受體（erbB）：禽的癌症病毒（AEV）含有一段致癌基因，它的蛋白產物與表皮生長素受體穿透細胞膜加上細胞內的部分非常近似，但是沒有細胞外那一部分（圖5-4）。由於細胞外那一部分有受體的煞車器，殘缺反而造成受體維持在激活

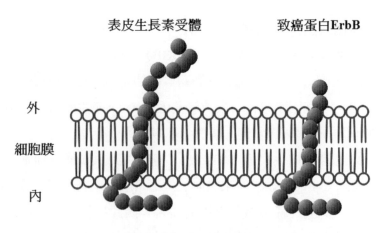

圖 5-4　表皮生長素受體

費城染色體與癌

　　染色體的變化與癌症的關係，在不久以前，普遍的觀念還是以癌為因，染色體變化為果。現在則知道事實恰恰相反。例如慢性骨髓母細胞白血病，95% 的患者呈現癌細胞第 9 號染色體跟第 22 號長臂部分交換（染色體轉位），原本就短的第 22 號染色體轉位後變得更短了。因為這種染色體變化最初是在費城發現的，所以特別稱為「費城染色體」。

　　第 9 號染色體有一個 *abl* 基因，可製造一種活性低的酪胺酸激酶（TK），是細胞分裂過程重要的第二信息因子，有擴大信息的使命。如果 *abl* 基因斷裂轉位到 22 號染色體的斷裂點叢集區（BCR），形成 *BCR abl* 組合基因，這時基因性質改變，激酶活性變得很強。把 *BCR abl* 轉移給老鼠，老鼠會罹患慢性骨髓白血病。諾華藥廠的基立克（Gleevec）可以使 BCR ／ Abl 蛋白失去功能，抑制特定癌細胞的生長。這個藥已於 2001 年核准用來治療慢性骨髓白血病。

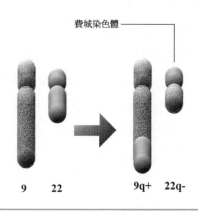

費城染色體

9　　22　　　9q+　　22q-

狀態,不斷刺激細胞生長。

4.肉瘤基因(*src*):細胞質信息分子,產生的蛋白扮演的是第二信使的角色,可以擴大分裂信息傳給其他目標。病毒的肉瘤基因比細胞的肉瘤基因短少了部分的 DNA,包括酪胺酸的密碼。問題是,這個酪胺酸是蛋白的煞車器,缺乏煞車器造成蛋白過度活躍,而強化癌細胞的增殖。

5.鼠肉瘤基因(*ras*):也是細胞質信息因子,會給細胞核傳達分裂的指令。人、雞、果蠅、黏液菌、酵母菌等物種的細胞內也都有。果蠅與人的鼠肉瘤蛋白 95% 以上相同,就算酵母菌與人的也有 80% 以上相同。如果一個酵母菌的鼠肉瘤基因有缺損,就無法繁殖了,這時候以人類的基因插入酵母菌的 DNA,酵母菌又會恢復繁殖的能力。可見這是多麼重要的基因,竟然可以穿越漫漫的生命長河,一路從古早古早的單細胞生物,不畏嚴酷的天擇,與演化的腳步一起創造人類。

正常細胞的鼠肉瘤基因是細胞增殖分化必要的基因,長 5000 個核苷酸。從正常的胎盤細胞取出的基因跟從膀胱癌培養細胞取出的基因(*Ha-ras*)只有一個核苷酸不同——第 12 個氨基酸的密碼子 GGC → GTC,這個點突變就讓細胞正常增殖分化必要的指令失控,造成了人類的大腸癌、肺癌、神經母細胞瘤。

被竊取的細胞分裂基因

除了信息因子的基因突變成致癌基因,正常基因變成致癌基因還有其他途徑。有些基因是正常細胞複製時不可或缺的工程

師，但是經過一些改變並且過度表現以後，攪亂了細胞複製的調節機制，造成細胞週期失控。這類推動細胞分裂的基因通稱為「原致癌基因」，失控之後就變成「致癌基因」了。

如果病毒捕獲的原致癌基因存放在病毒基因體的某個啟動子下游，病毒進入細胞後，這個基因可能過度表現。或者病毒並沒有捕獲原致癌基因，但是病毒嵌入細胞基因體的地方正好位於細胞原致癌基因的上游，病毒啟動基因時，會一併啟動細胞原致癌基因，造成基因過度表現。禽白血病毒就常嵌入雞細胞的轉錄因子基因（*myc*，名稱取自骨髓細胞白血病 myelocytosis）上游，造成基因過度表現，雞就罹患了白血病。

轉錄因子基因（*myc*）是推動細胞複製的機器，除了前述被病毒啟動以外，還有幾個途徑讓這個基因成為癌症推手：

1. 染色體轉位：例如伯奇氏淋巴瘤常有第 8 號染色體轉位到第 14、2 或 22 號，這幾個染色體正是製造抗體的基因所在，有數以百計的抗體基因片段，隨時重組以應付各種抗原的挑戰，是非常活躍的基因。人類的 *myc* 基因在第 8 號染色體上，轉位後被抗體基因啟動，會過度表達致癌。

2. 基因擴大作用：有的神經母細胞瘤每個細胞有 200 個以上的 *myc* 基因，肺小細胞癌每個細胞有 50 個以上的 *myc* 基因。正常細胞通常只有兩個基因，基因數量異常增加會造成癌症。

3. 調節基因失控：*myc* 基因的表達受其他分子控制，有油門（輔助蛋白）、也有煞車（*APC*）。油門基因突變發生爆衝，或煞車基因突變失去功能，就可能發生大腸癌。

四、抑癌基因是細胞週期的煞車器

　　牛津大學的哈里斯利用正常細胞與癌細胞進行雜交產生融合細胞。如果照前一節所知的致癌基因的想法，融合細胞既然含有致癌基因，應該會表現出癌細胞的特性，而不是正常細胞的特性。哈里斯的實驗結果恰好相反，融合細胞表現出正常細胞的特性。因此大家的觀念需要重新修正，在他的實驗裡，正常細胞的基因是顯性而致癌基因則是隱性，正常細胞具備抑癌的功能。

喪失異合子性

　　成對的兩個染色體分別源自父親及母親，在細胞分裂準備期各自複製一個染色體，這時候如果發生部分交換，可能產生一部分染色體都屬父源或都屬母源的子細胞，如圖中子細胞長臂末端的情形，打破成對染色體一個是父源一個是母源的異合子性通則。

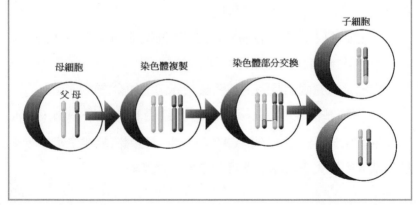

子細胞

母細胞　　　　染色體複製　　　　染色體部分交換

父　母

雙擊理論

小兒科醫生努森根據臨床上的觀察，推測應該有一種基因，是視神經母細胞瘤的抑癌基因（*Rb*）。家族型的視神經母細胞瘤患者，每一個細胞都遺傳到一個正常，一個變異的抑癌基因（*Rb-Rb**），這是生殖細胞遺傳（第一擊）。這時正常的抑癌基因萬一在胚胎期發生突變（第二擊），變成兩個抑癌基因都出問題（*Rb*-Rb**），這種患者將會罹患兩眼多發的視神經母細胞瘤。另一種偶發型的視神經母細胞瘤，小孩遺傳到的兩個抑癌基因都正常，則必須同一個細胞接續發生兩次基因突變（第一擊加第二擊），這個細胞才會變成癌細胞。由於同一對基因都發生突變的機會太小，因此，這種病例只會出現單一腫瘤，而且不會有家族傾向。這就是有名的雙擊理論。

如果遺傳自父母的基因一個正常，一個失去功能，這種情形稱為異合子。異合子細胞仍可維持正常細胞的功能。在細胞分裂的過程當中，若是發生染色體部分交換，造成一個細胞有一部分基因完全得自父親或母親，而不是父源母源各一份，就是喪失異合子性。如果喪失異合子性之後的兩個抑癌基因都是沒有功能的變異型，細胞將失去這個基因的抑癌功能。

抑癌基因 *Rb* 是細胞週期的煞車器，讓細胞週期在嚴密的控制下適當進行。家族性視神經母細胞瘤的患者治癒以後，發生其他癌症的機會高於常人。這些癌症包括骨癌、肺癌及乳癌。

基因護衛者 p53

抑癌基因當中很重要的一種是 p53，它是基因的護衛者。這個基因生產的蛋白分子量 53 千道耳吞，正是它的名稱的由來。複製中的 DNA 有一點點差錯時，雙股之間因為配對錯誤無法形成氫鍵，會形成斷裂點。這時 p53 接到修補系統發現斷裂點的信息，會下令複製活動暫時中止，等到錯誤修正以後才准許繼續複

細胞週期與凋亡

人類胚胎發育成形的過程中，有一個階段會出現蹼狀肢，手指頭跟手指頭之間有蹼的構造，看起來像鵝掌。之後繼續發育，構成蹼的細胞在沒有老化沒有病變的情況下，受基因的控制而漸漸死亡，指頭的形狀就浮現了，這就是細胞凋亡的效果。曾於 2003 年訪台的英國科學家薩爾斯頓（《生命的線索》一書的作者與主人翁），為了研究線蟲如何從一個細胞變成多細胞的成蟲，以驚人的毅力，一天兩次、一次四個小時，持續年餘，用顯微鏡長期觀察胚胎發育的過程。

他發現，線蟲在發育過程中，某些細胞注定要凋亡。線蟲從一個細胞開始，總共分裂成 1090 個細胞，其中 131 個細胞具有自然死亡機制，最終發育成 959 個細胞的成蟲。他詳細記錄這個過程並繪出線蟲各組織的細胞親緣關係，他的實驗室還發現線蟲有兩個死亡基因（ced3 和 ced4）控制細胞的凋亡，人類也有類似的基因。

除了胚胎發育過程的凋亡，生物體還有嚴密的品管系統，譬如 DNA 聚合的過程有一點錯誤，馬上就有專責的蛋白過來下令暫停，進行修補。如果錯誤無法修補，或是嚴重的突變破壞 DNA 雙股之間的互補關係，專責蛋白即啟動細胞凋亡機制，把這個瑕疵品破壞掉。人體內負責品管作用的基因，最重要的屬細胞週期控制基因 Rb 及 p53。

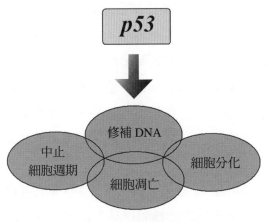

圖 5-5　*p53* 的功能

製。這個機制非常敏感，只要一對鹼基出差錯，*p53* 基因立刻發出中止命令。如果 DNA 雙螺旋有較多的錯誤，則 *p53* 會啟動凋亡機制讓細胞死亡（圖 5-5）。

　　細胞凋亡是維持生物體正常運作非常重要的手段，能有效阻止壞細胞蔓延。例如，紫外線照射到我們的皮膚後，皮膚細胞 DNA 相鄰的嘧啶（C 或 T）會形成共價鍵，*p53* 一發現這種正常 DNA 所沒有的鍵結，即啟動凋亡機制，凋亡的表皮細胞脫落，就是曬傷脫皮的原因。

　　p53 蛋白可以結合到 DNA 特定的位置，啟動專門阻止細胞生長及轉移的基因，因此 p53 蛋白扮演的是一種煞車的角色。*p53* 基因在維持細胞正常複製上如此重要，讓它擁有一個「細胞基因的護衛者」的暱稱。

突變的 *p53* 基因產物無法結合到 DNA，失去護衛基因的能力，這種情形常見於人類某些癌症。而且不只體細胞，生殖細胞也有突變的情形，透過生殖細胞造成下一代生而缺乏一個功能正常的 *p53* 基因，稱為李福症候群。依照雙擊理論來看，這個個體形成之初就有了第一擊，所以很容易發生癌症的家族傾向，造成早發的癌症，包括肉瘤、乳癌、骨癌、腦癌、白血病、腎上腺皮質癌等。

p53 基因位於第 17 號染色體，帶著 393 個胺基酸密碼。除了啟動 DNA 修補及細胞凋亡機制以外，還可以抑制血管新生和強制中止細胞週期，這些被管制的功能原本是癌細胞的特長。癌細胞常見 *p53* 基因產物不正常，這可以是基因突變的結果，也可能由於基因產物被病毒蛋白改變了功能。從 1989 年發現第一個 *p53* 基因突變型，至今已經發表了約一萬九千種基因版本。

特殊的致癌因素可造成特殊的點突變，而特殊的點突變則可以引發特殊的癌症。例如黃麴毒素或是 B 肝病毒與 *p53* 第 249 個胺基酸密碼的 G → T 突變有關，造成 p53 蛋白的胺基酸改變，功能隨之改變，促成肝癌。菸和一些含有芳香胺的化學物可以讓 *p53* 發生點突變（圖 5-6），是造成肺癌與膀胱癌的原因。

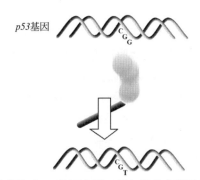

*p53*基因

抽菸造成*p53*基因突變，例如某些密碼子的G→T突變，
讓*p53*失去抑癌的功能，是一些肺癌發生的原因。

圖 5-6　化學物質造成 *p53* 突變致癌

從大腸癌看癌症發生的歷程

　　癌症的形成，通常是好幾個基因接著起變化，才修練成精的。單獨
一個原致癌基因活化成致癌基因，或是單獨一個抑癌基因突變失去作
用，並不足以致癌。以鼠肉瘤基因（*ras*）或轉錄因子基因（*myc*）分別
轉移給來自正常細胞的培養細胞，並不會致癌。但若一起將兩個基因轉
移給培養細胞，則細胞轉型成瘤，出現癌細胞的特徵。這個時候 *myc* 的
角色是不朽基因，而 *ras* 則是轉型基因。有一種培養細胞（NIH 3T3），
本身就是不朽細胞，因此 *ras* 基因就可以讓它轉型成惡性。這些現象是
癌症發生的多步驟模式實例。

　　臨床上則有大腸癌的例子。這個疾病一開始是從良性腺瘤開始，最
終變成惡性腫瘤。費恩針對不同時期的大腸癌分析其 DNA，發現癌變的
順序依次是：

（1）正常腸細胞喪失兩個抑癌基因（*APC*）。正如視神經母細胞瘤失去
　　Rb 基因的情況一樣，家族性大腸直腸癌的患者也是遺傳到一個正常
　　版，一個失去功能的抑癌基因，因此很容易因為喪失異合子性的過
　　程，產生成對抑癌基因都失去功能的細胞，在腸腔出現瘜肉。

（2）致癌物使 *ras* 原致癌基因發生點突變而活化。

（3）抑癌基因（*p53*）和 DNA 修補基因發生突變失去作用。

（4）第 17 及 18 號染色體發生缺損。

（5）癌瘤於焉成形。

　　由此可見，細胞在抵抗癌變的戰術上，是步步為營、關卡重重，可
是大部分的細胞終其一生都在分裂，從一個受精卵增生分化到擁有一百
兆個細胞的成人，這一路偶發的錯誤逐漸累積，終究不敵癌變的壓力。
癌不是一天造成的，而是高度邏輯的產物，一旦形成就可以頑強生存，
不容易消滅了。

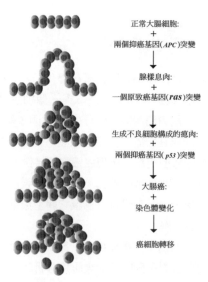

正常大腸細胞：
+
兩個抑癌基因(*APC*)突變

腺樣息肉：
+
一個原致癌基因(*ras*)突變

生成不良細胞構成的瘜肉：
+
兩個抑癌基因(*p53*)突變

大腸癌：
+
染色體變化

癌細胞轉移

圖 5-7　大腸細胞癌變的過程

DNA與癌症

一、肝癌的主要病因是肝炎病毒

二、啟動EB病毒複製可以治療鼻咽癌及淋巴癌嗎？

三、從基因型預知大腸癌的可能性

四、建立乳癌基因型資料庫防治家族性乳癌

五、我們需要花錢篩檢DNA預測癌症風險嗎？

　　人類史上最大的天敵——傳染病，於營養普遍提升及抗生素發展之後，在已開發國家造成的死亡率已遠遠落在癌症之後。2018 年國人癌症死亡人數為 48,784 人（男性 29,624 人，女性 19,160 人），占總死亡人數之 28.2%，平均每天超過 133 人。已開發國家更多人死於癌症，美國人終其一生有 1/3 的女性及一半的男性會得到癌症。

　　癌症的防治越來越重要，但是也越來越困難。傳統的辦法用盡了，死亡數目卻一年年升高。如果能以 DNA 的觀點追究癌症的成因，重新認識這個曾被視同死刑判決的疾病，也許可以多一些對付方法。這一章試著透過 DNA 的觀點看幾種常見癌症，藉此認識癌症的篩檢、預防、診斷和治療的新方向。

表6-1 2018年台灣男女十大死因
（圖中數字是每十萬人的死亡數）

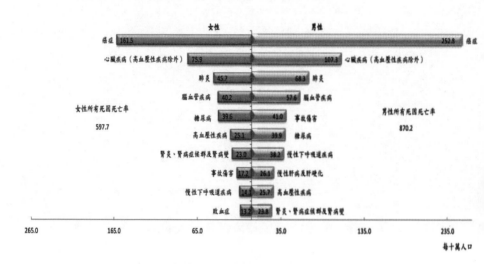

（資料來源：107 年死因統計結果。衛生署統計室 108 年 8 月）

一、肝癌的主要病因是肝炎病毒

　　全球每年有 50 萬人死於肝癌；台灣每年有 5 千名男性與 2 千名女性死於肝癌。肝癌主要病因是 B 型肝炎病毒，其次是 C 型肝炎病毒，非病毒引起的肝癌則少見。由於肝臟只有最外層的被膜有感覺神經，內部沒有痛感，通常發現肝臟有腫瘤時，大都已經太晚了，這是肝癌死亡率高的一個原因，加上肝癌的治療效果差，因此診斷後五年存活率不到 5%。

表6-2 2018年台灣男女十大癌症死因
（圖中數字是每十萬人的死亡數）

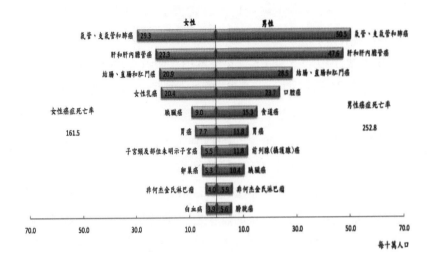

	女性	男性	
氣管、支氣管和肺癌	29.3	50.5	氣管、支氣管和肺癌
肝和肝內膽管癌	22.3	47.6	肝和肝內膽管癌
結腸、直腸和肛門癌	20.9	28.5	結腸、直腸和肛門癌
女性乳癌	20.4	23.7	口腔癌
胰臟癌	9.0	15.3	食道癌
胃癌	7.7	11.8	胃癌
子宮頸及部位未明示子宮癌	5.5	11.8	前列腺（攝護腺）癌
卵巢癌	5.3	10.4	胰臟癌
非何杰金氏淋巴瘤	4.0	5.9	非何杰金氏淋巴瘤
白血病	3.9	5.6	膀胱癌

女性癌症死亡率 161.5　　　男性癌症死亡率 252.8

70.0　50.0　30.0　10.0　10.0　30.0　50.0　70.0　每十萬人口

（資料來源：107 年死因統計結果。衛生署統計室 108 年 8 月）

　　為了尋找肝細胞癌變的線索，許多研究者著手肝癌細胞的 DNA 分析，但是迄今還沒有發現肝癌細胞共有的基因變化。不過倒是有 10% ～ 20% 的肝細胞癌有一種典型的 *p53* 基因突變，即第 249 個密碼子 G → T。這種突變常跟食物中的致癌物黃麴毒素有關，過期的花生、發霉的食物、乳製品、動物的肝臟等，這些食物有時含有黃麴毒素。

B肝病毒造成癌症的途徑

　　如果把肝癌和肝硬化造成的死亡放在一起統計的話，這個項

目將是華人最重大的死因。台灣人死於肝癌或肝硬化的，約占所有死亡人數的一成。而造成華人罹患肝癌或肝硬化的原因當中，最主要就是 B 肝病毒（圖 6-1），它毒害了約八成的患者。病毒基因體有四組基因（圖 6-2），生產表面蛋白（又分大、中、小）、不知道什麼作用的 X 蛋白、核心蛋白（C 及 e），和酶（DNA 聚合酶和反轉錄酶）。其中與肝癌有關的可能是 X 蛋白和表面蛋白。

　　肝炎病毒如何致癌？目前最被接受的說法，是在肝細胞被病毒入侵後，免疫系統失序，肝細胞發炎、壞死，導致再生速度比正常肝細胞快出許多，增加突變的機會，突變累積的結果就容易造成癌變。只是這個說法並沒有解決問題，如果發炎是病毒致癌的途徑，那麼至少要解決為何感染肝炎病毒的人發炎的程度各有不同的疑惑。更何況，有些基因型的病毒是不經過肝硬化的歷程

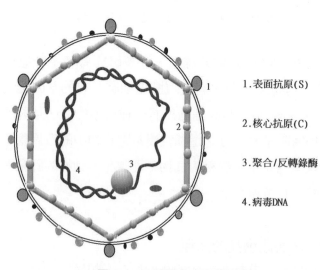

1. 表面抗原(S)

2. 核心抗原(C)

3. 聚合/反轉錄酶

4. 病毒DNA

圖 6-1　Ｂ型肝炎病毒剖面圖

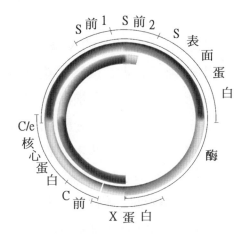

B肝病毒的基因體由部份雙股環形
DNA構成，全長三千兩百多個鹼基，
外圍細線則代表各種基因位置

圖 6-2　B肝病毒基因體

就讓肝細胞轉變成癌，而肝硬化是肝細胞發炎的結果，可見癌變一定還有發炎再生之外的因素。

　　B肝病毒有反轉錄酶，這一點與容易致癌的反轉錄病毒很類似，所以有人認為B肝病毒嵌入肝細胞基因造成肝癌。有時候反轉錄病毒嵌入細胞DNA的位置恰好位於原致癌基因上游，會讓基因過度表達，變成致癌基因，不過這種現象在肝癌並非通例，沒辦法普遍解釋肝細胞為什麼變成癌細胞。只是這些研究是基因體解序之前的想法，解序之後很多原致癌基因現形，現在重新尋

找 B 肝病毒嵌入人類基因體的位置，說不定會發現嵌入是致癌的主要原因。

B 肝病毒進入肝細胞以後，產生的 X 蛋白有促使肝細胞增殖的作用。這個作用會觸動細胞凋亡機制，讓細胞被腫瘤壞死素摧毀，其中腫瘤壞死素是人體內負責破壞癌細胞的分子。不過 X 蛋白要引發細胞凋亡有一個前提，就是肝細胞需有正常的抑癌基因（p53）。如果抑癌基因不正常，無法指引細胞凋亡程序，X 蛋白就只會讓肝細胞增殖，終究造成肝細胞癌變。

另一個嫌疑是 B 肝病毒表面大蛋白。肝病持續進展的時候，肝細胞在顯微鏡下呈毛玻璃狀，肝癌細胞也是這樣，這種變化可能是表面蛋白堆積的結果。有人以表面大蛋白的基因植入鼠肝，結果這些老鼠都罹患肝癌。不過實驗室流傳一句老話：「白老鼠老是撒謊」，大蛋白與人類肝癌的關係仍需進一步找尋前因後果才能確立。近年有一些針對 B 肝病毒基因體的研究，發現表面蛋白基因上游（前 2 區）的 DNA 變異與肝癌的形成有關係，這裡製造的蛋白是構成大蛋白的一部分。

日本的岡本依 B 肝病毒 DNA 序列給病毒分型，各型之間有 8% 以上的核苷酸序列差異，後來這個數字就變成 B 肝病毒基因分型的依據，迄今已發現有 A 到 H 八種基因型。台灣有 300 萬個感染 B 肝病毒的慢性肝炎患者，其中六成是 B 基因型，三成是 C 基因型。不同基因型的臨床歷程會有些差異，C 基因型常造成比較嚴重的肝炎，比較容易肝硬化和發生肝癌。

根據台大醫院的研究，有肝硬化的和年齡大於五十歲的肝癌

患者比較多 C 基因型，而年齡小於三十五歲沒有肝硬化的肝細胞癌患者則較多 B 基因型。可見 C 基因型走的是肝炎→肝硬化→肝癌的路，也是多數 B 肝患者的病程；而 B 基因型走的則是肝炎→肝癌的路，因此較早出現肝癌，但 B 基因型對於干擾素或拉美芙錠的治療反應較佳。

C肝病毒致癌機轉

肝癌的另一個重要病因是 C 肝病毒。這個病毒在 1989 年確立核苷酸序列之後才正式確認，以前則歸於非 A 非 B 之列。C 肝病毒是一種 RNA 病毒，不同的病毒株之間 RNA 序列可以有高達 40% 的差異，與透過病媒蚊感染的登革熱、日本腦炎、黃熱病等病毒同屬黃熱病毒科。不知道以後會不會發現 C 肝也能經由病媒蚊傳染？那將是一件會引起恐慌的新聞。

以全球論，慢性肝炎之中有半數是 C 型肝炎。台灣人口中將近 4% 是慢性 C 肝患者。跟 B 型肝炎一樣，C 型肝炎也是經血液傳染為主，母子垂直傳染的機會是 5% ～ 10%。一經感染發生急性 C 型肝炎之後，85% 會變成慢性肝病。慢性 C 肝患者之中大約 5 % 將死於肝癌，比例略低於 B 肝的 10% ～ 25%。從急性肝炎到肝硬化及肝癌大約要經過 30 年。

由於 C 肝病毒還沒辦法在實驗室培養，加上 C 肝病毒入侵人體後病毒顆粒的半衰期只有 100 ～ 182 分鐘，想從人體取得完整病毒幾乎不可能，所以人類對它的生物特性所知甚少。目前所知 C 肝病毒的致癌機轉，有幾種可能：

1.病毒核心蛋白占據細胞抑癌基因（$p53$）的啟動子，使基因失效。

2.C肝病毒製造的非結構蛋白阻礙細胞凋亡機制。

3.內質網壓力讓細胞製造或折疊蛋白時出現混亂，累積到一個程度就發生癌變。除了C肝病毒，受B肝病毒感染的肝細胞也有內質網壓力。

4.內質網壓力也造成超氧自由基增加，破壞DNA，造成癌變。

C肝病毒的基因型有六個主型，一百多個分型，台灣人慢性C型肝炎以1b分型居多，是最容易造成肝硬化和肝癌的基因型。1984年實施B型肝炎預防接種以後，慢性B型肝炎逐漸減少，如何進一步控制C型肝炎已經是急迫的工作。

二、啟動 EB 病毒複製可以治療鼻咽癌及淋巴癌嗎？

在烏干達工作的英國醫生伯奇，於1958年發表了他發現的一種流行性腫瘤，赤道非洲地區的兒童淋巴瘤（後來命名為伯奇氏淋巴瘤），流行率每年每10萬個小孩5～10例。這個淋巴瘤有特殊的地理分布，所以伯奇認為病因應該是一種病毒。

英國病毒專家愛普斯坦在聽過伯奇的演講後，對於病毒造成腫瘤的說法產生極大的興趣，於是開始在這種淋巴瘤內找尋病毒。終於在實驗室助手巴爾協助下，利用電子顯微鏡發現伯奇氏

淋巴瘤細胞內有一種很像疱疹的病毒，後來就依兩人的姓氏命名為 Epstein-Barr（愛巴）病毒，簡稱 EB 病毒。

EB 病毒是人類疱疹病毒家族的老四（HHV-4），跟單純疱疹、水痘、帶狀疱疹、巨細胞病毒、玫瑰疹的病毒等是堂兄弟的關係。EB 病毒是一種很普遍的病毒，台灣大部分人都感染過。已開發國家的人們初次感染常發生於青年時期，未開發國家的國民則在幼童時期就感染了。EB 進入人體後，蟄伏於 B 淋巴球裡面。等待時機恰當，就會變成許多腫瘤的致病因素。EB 是許多淋巴瘤的原因，針對 EB 病毒設計診斷與治療的新方法，可有助於防治淋巴瘤。

伯奇氏淋巴瘤的決定性特色是位於第 8 號染色體的原致癌基因（myc）轉位。病毒讓細胞叛變成癌細胞，可能是由病毒一小部分稱為潛伏基因的活動造成，其中有的是不能轉譯成蛋白的 RNA 轉錄體基因，具有阻斷干擾素，抑制細胞凋亡的作用。越來越多的證據顯示 RNA 是調節基因的要角，有人發現 EB 基因體有許多段可以轉錄 RNA，干擾人類細胞的抑癌基因，也許這就是 EB 病毒致癌的秘密。

監測 EB 病毒也可以追蹤鼻咽癌的病情發展情況。盛行於台灣、東南亞及中國的鼻咽癌與 EB 病毒的密切相關眾所皆知。《新英格蘭醫學雜誌》刊載了一篇台中榮總的研究報告，利用「即時聚合酶連鎖反應」（參考第九章）定量血漿中的 EB 病毒 DNA，95% 的晚期鼻咽癌患者血中可以偵測到病毒 DNA，而健康人與已治癒的對照組則完全偵測不到；而且病毒 DNA 含量與腫瘤的

進展成正比，越晚期的或是有轉移的患者病毒濃度越高。初次定量病毒濃度越高的越容易復發，而濃度越低的則越容易治癒，治癒的患者病毒會一直維持於低濃度或測不到，不幸復發時病毒濃度會變很高。此外，放射治療完成後一週如果還測得到病毒DNA，則治癒的機會將遠小於測不到的患者。所以監測血中病毒DNA就可以瞭解病情的嚴重程度及預知治療效果。這個發現讓複雜的病情有一個量化的指標，而且可以預測治癒的機會，如果使用標準療法治癒機會不高，可以考慮採用更積極的治療。DNA時代的醫療確實讓醫生手上多一些診斷或是治療的武器。

目前對於治療 EB 病毒相關癌症的研究，有幾個主要的想法（圖 6-3）。EB 相關癌症的患者體內幾乎每一個癌細胞裡面都有病毒，而他們的正常 B 淋巴球大約只有一百萬分之一帶有

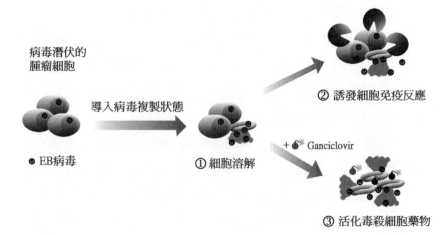

圖 6-3　毒殺癌細胞

病毒。利用這一點，如果可以殺死所有帶 EB 病毒的細胞，就可以治療相關癌症。因此，有些研究者想辦法啟動病毒複製，這樣做可能產生幾個效果：1. 讓潛伏在癌細胞內的病毒變成溶解細胞的複製狀態，破壞癌細胞；2. 如果同時投予抗病毒藥物（Ganciclovir），由於病毒可讓藥物代謝成有細胞毒性的產物，就可以殺死病毒寄居的細胞；3. 病毒複製後會在細胞表面呈現病毒抗原，抗原啟動免疫反應，白血球會找到受感染的細胞撲殺之。一個策略，三重效果，聽起來似乎可行。

但是要讓散落在細胞裡頭的病毒零件集合起來整裝複製，談何容易。啟動病毒複製的第一步是立即早期基因（*IE*）的工作，處於潛伏狀態的病毒立即早期基因是沒有作用的。必須找到一種藥物啟動它，或是利用基因治療的方式把實驗室製作的基因複本放進細胞內，才可能啟動病毒複製，破除病毒潛伏致癌的狀態。這個想法已經有生技公司進行試驗了，只是離臨床使用的目標還很遠。

三、從基因型預知大腸癌的可能性

大腸癌，也就是結腸直腸癌，造成的死亡位居台灣癌症死亡原因第三名。這個癌跟肝癌一樣都是不容易早期發現的病，患者往往在腫瘤大到造成阻塞症狀，才驚覺體內有病變。所以自費的成人健康檢查通常會包括大腸鏡這一個項目。罹患大腸癌的患者當中，一成是顯性遺傳，其中又可以分為兩大類，一類是研究的

其他病毒造成的癌症

　　目前已知會使人類致癌的病毒並不多；除了前面介紹過的病毒外，其餘病毒造成的癌症，幾乎沒有好的治療對策。然而認識它們致癌的策略，還是令人不禁讚嘆：分子階層的生物活動，竟然如此細膩！

　　人類嗜 T 淋巴球病毒：一種反轉錄病毒，病毒基因體嵌入人類 T 淋巴球的生長素基因上游時，造成淋巴白血病。從感染到白血病，約要 60 年的時間。

　　人類疱疹病毒第八型：是愛滋病患罹患卡波西肉瘤的原因。

　　多瘤性病毒：偶爾引發皮膚癌、血癌。

　　人類乳突病毒：子宮頸癌是女性癌症第五號殺手。1999 年科學家發現 99% 的子宮頸癌檢測得到高危險人類乳突病毒的 DNA，確認絕大多數的子宮頸癌可歸因於此病毒。台灣女性感染率約 10%，主要經性接觸傳染；男人也會感染，而且與陰部的癌症有關（圖 6-4）。

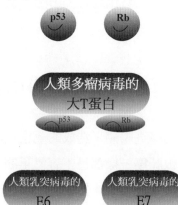

圖 6-4　毒殺癌細胞

比較透徹但少見的家族性腺瘤瘜肉症，另一類是較常見的遺傳性非瘜肉大腸癌。

家族性腺瘤瘜肉症基因

家族性腺瘤瘜肉症的特徵是整段大腸及直腸有數千個瘜肉，以後瘜肉會惡化成腺癌。這是由於一個抑癌基因，第5號染色體的大腸腺瘤瘜肉症基因（APC），發生突變造成的顯性遺傳疾病。75% ～ 80% 罹病的原因是遺傳，其餘 20% ～ 25% 則是新的突變。跟所有顯性遺傳的疾病一樣，患者遺傳給子代的機會是 50%。

既然基因是兩個成為一對，為什麼只有一個抑癌基因突變，就會在生命的某一個階段出現癌症？假使來自父親的精子或來自母親的卵子其中之一攜帶突變的基因，則子代所有的細胞全部缺乏一個尋常版基因，這種情形稱為生殖細胞突變，生殖細胞變異是努森雙擊理論的第一擊；這時只要子代體細胞另一個尋常版基因又發生突變，或是在細胞分裂時喪失異合子性，產生成對的兩個基因都是變異版的子細胞，就是第二擊了，第二擊將造成基因的功能完全喪失。

正常細胞在培養皿中接觸到周遭的細胞就不再分裂生長了，這個現象稱為「接觸抑制」。大腸腺瘤瘜肉症基因的作用就是傳遞接觸抑制信息。失去接觸抑制信息的細胞很容易長成一個瘤。這個基因最常見的突變是第 1309 個密碼子起有五個核苷酸缺失（AAAGA），導致解碼框架移位，是一種非常嚴重的突變。

密碼	GAA	AAG	ATT
密碼子序號	1309	1310	1311

因為大腸腺瘤瘜肉症基因有 2844 個胺基酸的密碼，這個位置的框架移位將造成一半以上的密碼子出錯而失去功能。這樣的人如果沒有切除整個大腸，幾乎在四十歲之前都會發生大腸癌；此外，還比較容易罹患小腸、胃、胰、甲狀腺、腦、肝等癌症，可以推測抑癌基因在這些器官也有重要的作用。要知道一個人有沒有這種因突變，可以測試血中單核球的 DNA 就知道了，檢出的敏感度可達 90%。如果一個家族裡頭有兩個以上的腺瘤瘜肉症病例，則可以利用連鎖分析，以特定的遺傳標記偵測基因是不是有突變，準確度可達 98%。在美國等先進國家，這些檢驗是已經應用於臨床的檢查了。

遺傳性非瘜肉大腸癌基因

另一種是比較常見的遺傳性非瘜肉大腸癌，腫瘤發生的位置常在大腸近端，與瘜肉症的腺癌分布不同。患者的家族常常有各種癌症，尤其家族中女性罹患卵巢癌和子宮內膜癌的情形更常見。平均發病年齡是四十五歲，比非遺傳性大腸癌的六十三歲早。

遺傳性非瘜肉大腸癌的基因變化主要是負責修補鹼基配對錯誤的基因（*MSH2/MLH1*）發生突變。這些突變讓 DNA 修補系統出問題，沒辦法維持穩定的 DNA，於是細胞發展出腫瘤。因此，年齡五十歲以下發病的大腸癌患者，針對其癌細胞檢查 DNA 的「微衛星不穩」情況，加上大腸癌或子宮內膜癌的家族

史，就可以辨識出此症的指標病例。

微衛星是指重複的 DNA 小片段（1～5 個核苷酸）。人體最常見的微衛星是（CA）n 重複，代表 n 個 CA 的重複片段，它們數以千計地出現在我們的 DNA 裡面。如果一個微衛星在不同的人有不同的重複次數，可稱之為多樣性。例如 DNA 某一個特定點（CA）微衛星可能有（CA）11、（CA）14、（CA）15、（CA）20 等幾個型，這種形式的微衛星是絕佳的標幟，可用於尋找致病基因、法醫學比對，或基因缺失研究。

DNA 出現一連串的重複序列時，複製時就容易出現錯誤，或許多幾個重複，或許少幾個重複，但是修補配對錯誤的基因會更正錯誤的部分，所以細胞分裂並不會製造出重複次數跟母細胞不一致的子細胞。如果負責修補配對錯誤的基因突變了，失去修補錯誤的功能，結果母細胞與子細胞的微衛星重複次數出現差異（變長或變短），就是微衛星不穩（圖 6-5），可知微衛星不穩是 DNA 修補系統故障的指標。

比較同一個人的正常細胞和腫瘤細胞，若五個特定點的微衛星有兩點以上重複次數不同，就是微衛星不穩陽性，表示 DNA 修補系統出了嚴重的問題。這項檢查可以作為遺傳諮詢之用：一旦確認是遺傳性非瘜肉大腸癌，代表這是一種顯性遺傳疾病，半數的兄弟姐妹及子女會有一樣的遺傳，這些家屬必須嚴密檢查直腸結腸的健康狀況。

大腸癌是一種常見的癌症，發現時往往已經太晚了，加上家族性的病例不少，常常造成家人心理的嚴重威脅。如果能借

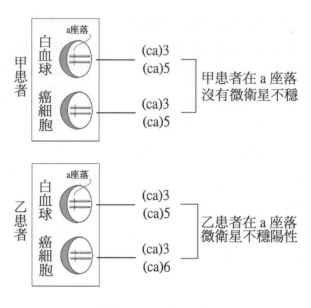

圖 6-5　微衛星不穩

重 DNA 檢查，讓遺傳到特定基因的人在還沒形成癌症時，就先採取必要的步驟，例如手術切除大腸、考慮服用某些藥物、在適當的年紀做徹底的身體檢查，甚至因為牽涉到人工流產而有爭議的產前檢查等，這些進展都是基因時代的醫學帶給我們的新的變化。至少，在一些特定的癌症可能威脅到我們生活的時候，我們漸漸有一些應付的辦法了。

四、建立乳癌基因型資料庫防治家族性乳癌

　　乳癌致死居本國女性同胞癌症死亡第四名，是一種常見的癌症。所有乳癌患者大約 10% 有家族史，也就是至少有一個一等親或二等親在 60 歲以前罹患乳癌。

　　家族性乳癌中約四成跟抑癌的乳癌基因（基因一 *BRCA1* 和基因二 *BRCA2*）的突變有關（圖 6-6）。這兩個基因的功能是修補 DNA、管制細胞週期、維持基因體穩定，以及讓細胞分裂和分化。乳癌基因的版本都是從親代遺傳，少見體細胞突變的。顯性

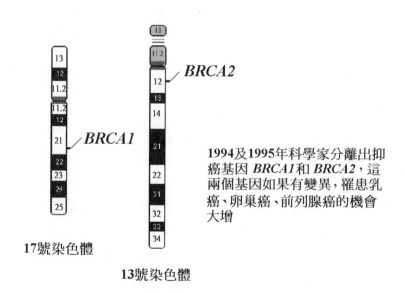

BRCA2

BRCA1

1994及1995年科學家分離出抑癌基因 *BRCA1* 和 *BRCA2*，這兩個基因如果有變異，罹患乳癌、卵巢癌、前列腺癌的機會大增

17號染色體

13號染色體

圖 6-6　*BRCA* 基因型

乳癌預後

治療後五年存活率 80%，但社經地位差的預後也差。如果復發，大部分治療後五年內發生。有些人會在對側長新腫瘤，其中半數發生於乳癌治療後五年。

與預後有關的因素包括：

1. 部位與擴散：原位管癌，淋巴陰性，五年存活率 98%。轉移到肺肝骨，五年存活率 27%。

2. 賀爾蒙受體：雌激素受體陽性（ER+）佔所有乳癌 75%，癌細胞長得比較慢，而且用賀爾蒙抑制劑（泰莫西芬和芳香酶抑制劑）治療有效，預後較好。

3. 腫瘤標記：第二型人類表皮生長因子受體陽性（*HER2/neu+*）多見於年輕女性，腫瘤長得比較快、比較惡性。陽性中一部份可用賀癌平，基因檢驗（SPOT-Light Her2 CISF）可分辨陽性中哪些人用賀癌平有效。

4. 基因表達：美國臨床腫瘤學會建議淋巴陰性、雌激素受體陽性的新患者可做基因表達檢驗（Oncotype DX），醫生會根據結果判斷手術後需不需要化療。檢查很貴，需台幣十幾萬。從台灣寄檢體去美國到結果出來約兩週。

5. 大小和形狀：大的、境界不清的，預後比較差。

6. 分裂速度：越快越差。分裂指數越高越差。

遺傳給子代的機會 50%，而且指標病例的兄弟姐妹也有 50% 的機會帶這種基因。乳癌基因突變讓女性終其一生得到乳癌的機會達 3/4、卵巢癌的機會達 1/3。這兩個基因突變雖然會增加乳癌、卵巢癌、前列腺癌等癌症的發病機會，但是跟治療效果及存活率

則沒有關係，唯有早期發現早期治療才是乳癌治療效果的保證。

　　所以就家族性乳癌、卵巢癌而言，如何辨識出乳癌基因的突變就很重要了。特定的民族，如猶太族阿胥肯納吉裔、荷蘭人、冰島人，各有特定的突變，都造成解碼框架移位，是嚴重的突變。這些特定的人可以很方便辨識是否先天就帶著突變基因，因為只要針對突變的位置檢查 DNA 有沒有特定的突變，就可以發報告了。這種作法只限定用在突變型已經確認的民族，不同的民族有不同的突變型，必須先建立資料庫才有辦法簡便行事。

　　人類孟氏遺傳線上資料至今已收錄的代表性乳癌基因變異型，有 36 種基因一及 34 種基因二變異型版本。台灣還沒有足夠的突變型基因資料，所以必須針對基因做 DNA 定序。基因一的信使 RNA 長達七千八百個核苷酸，基因二更長達一萬零四百個，都是很長的序列，因此利用定序法判斷基因損壞的敏感度只有 63%，與前述已知突變型的偵測敏感度達 99% 相比，檢驗手續繁複效果卻比較差。惟有建立國人的資料庫，才能有方便的公共衛生應用。困難的是，我國居民通婚的對象有很多來源，基因流動頻繁，基因會有很多版本，要以固定的版本當作假想的蒐獵目標，難度比較高。

　　目前要彌補這個缺口，只能利用指標病例的 DNA 序列，先找出已經罹患乳癌又有明確家族史的患者，定序乳癌基因，若有功能喪失的突變，就利用這段突變所在的 DNA 序列做成探針，來偵測家族中其他人的基因。

五、我們需要花錢篩檢 DNA 預測癌症風險嗎？

一說到癌症，人人聞之色變。如今市面出現了許多關於癌症風險的 DNA 檢驗，問題是，有些檢驗沒有臨床參考的價值，有些檢驗沒有經過醫生開立檢驗表單就跟客戶採集檢體。這些檢驗到底有沒有用？值不值得我們花錢？我們現代人經常要面對十分引人的廣告，為了不花冤枉錢，最好還是接觸一些癌症風險的客觀資訊。

基因檢測是檢測先天性的體質，看一個人是不是先天就註定比較容易得到癌症，或是比較容易得到某一種癌症。檢測的內容，明白的講，就是看一個人是不是有抑癌基因突變。抑癌基因是管制細胞週期的基因，是細胞社會的治安警察，基因突變，就如警紀敗壞一般，遲早會見到社會敗類橫行。檢驗抑癌基因，是癌症未形成之前，真正可以預知癌症風險的科技。這種檢驗跟癌症篩檢或個人化醫療不同，癌症篩檢是癌症形成之後早期發現，檢查的內容以蛋白質為主；個人化醫療是針對已經罹患癌症的人做組織基因檢驗（例如 Oncotype DX，SPOT-light Her2 CISH 等），再決定要採取哪一種程度的治療方式；基因檢測則在癌瘤形成之前預測癌症風險，檢查的內容以 DNA 為主。現有針對癌症風險的基因檢測商品有 900 種，但是所有的癌症病例當中只有 5% ～ 10% 屬於家族遺傳，目前的基因檢測只針對這些家族性癌症患者的家屬比較有價值。

擁有變異的乳癌基因時的注意事項

　　一旦確定帶有致癌突變的乳癌基因，下一步就要更仔細做定期乳房檢查，包括每個月自我身體檢查，每半年醫生檢查及每年乳腺攝影等。最近的研究指出磁振造影用於偵測高危險群有最佳的敏感度，可達96.1%，是乳腺X光攝影或超音波檢查的兩倍。

　　卵巢方面則包括每年一至二次的骨盆腔檢查、經陰道超音波檢查及腫瘤標幟（c125）測定等。若是男人需注意篩檢前列腺癌。發展中的藥物或預防性的乳房切除，都是必須關注的新進展。

　　基因突變跟遺傳性癌症的關係，又有危險程度的分別。有的基因突變會增加癌症風險幾十倍甚至幾百倍，例如乳癌、甲狀腺癌、遺傳性大腸癌的致病基因（*BRCA*，*RET*，*MSH2/MLH1* 或 *APC*），這些基因突變外顯率高，罹癌的相對危險性增加很多。針對病患一等或二等親檢驗這些基因，臨床上會有幫助。譬如一個人罹患乳癌的風險是平常人的三十倍，就值得比較密集的就診檢查乳房，或實施乳房磁振造影。不過家族性病例畢竟是少數，除非恰好有近親發生遺傳性癌症，一般人做這種檢驗說不上有什麼用處。

　　如果近親當中沒有遺傳性癌症病患，但是想確定自己罹患癌症的風險是不是比較高，有那種檢查嗎？有，但是真正的幫助仍很有限。近年流行全基因體關聯分析（GWAS），也是檢驗DNA，這是對全基因體單核苷酸多樣性跟癌症作關聯分析，計算單核苷酸變異提高多少癌症風險。通常癌症風險檢驗使用的核苷

酸版本很普遍，也許高達一半的人口擁有，不過相對風險可能只有尋常人的一點幾倍或兩倍。舉個例子，第 8 號染色體的一個單核苷酸多樣性，編號 rs13281615，2/5 的人口可檢出陽性，檢出陽性的人終其一生罹患乳癌的風險是全人口的 1.21 倍。這個數字可以讓她們提高警覺，但是對預防乳癌則沒有實質的幫忙。臨床上，不會因為這多出來一點點的風險增加就醫檢查次數，或採取更積極的預防措施。

癌症風險提高個幾倍，對某些人也許是一種晴天霹靂，對其他人卻可能只是一個茶餘話題。就以鼻咽癌為例，在西方，這是一種罕見癌症，每年每 10 萬人少於一個病例；廣東人跟台灣人罹患鼻咽癌的風險則高出很多，每年每 10 萬人超過 20 個病例，台灣每年約新增 700 餘名病例，大約是西方人的三十倍。面對這種高風險，我們並不曾特地每一段時間就去醫院檢查鼻咽，也不曾聽說因為自己提高警覺而讓醫生提早診斷。有些研究還發現，擁有某些版本組織抗原型的人（A2B64，A33B58），發生鼻咽癌的機會還要更大上兩三倍，我們並不曾因此檢驗自己的組織抗原型。所以臨床上能做甚麼處置很重要，為自己或為所愛的人花錢做了昂貴的檢查，結果拿到的是沒有臨床價值的報告，也許還引起虛驚一場，就失去了美意。

目前分析出來的跟癌症風險有關係的單核苷酸多樣性約有一百個，許多生技公司生產全基因體檢驗工具包做癌症風險評估，用的就是單核苷酸多樣性。不過還沒有一種檢驗能提出數據，告訴我們做了這種檢查可以減少多少罹患癌症的機會，或是因而提

早發現了多少病例。預防癌症最主要的做法是自我警覺、健康的
生活型態、正確的就醫習慣,這些因素的影響遠遠超過癌症風險
那寥寥的一點幾倍。要讓這些檢查真正對人有幫助,目標必須放
在改善生活型態等確實能減少癌症的計畫,檢驗只能當做輔助的
工具,這是生技業者與消費者應有的觀念。

7 從DNA看常見疾病

一、從DNA尋找動脈硬化的療法
二、預知失智紀事
三、氣喘是許多基因被環境因素挑起的反應

　　有一些人類非常熟悉，或是與人類共存非常久的疾病，在文明發展的歷程中曾有各種不同的解釋。譬如癌症，宋朝人的看法是「外受毒邪日久化熱，或內傷七情久鬱化火，火熱釀毒於體內日久必發癌瘤。」（《仁齋直指附遺方論》，宋・楊士瀛撰），其論點是指癌的成因可以是外在的致癌物或內在的體質因素。又譬如精神疾病，古今中外都有鬼魂附身的說法。到了十九世紀末二十世紀初，則有佛洛伊德體系主張潛意識的原始慾望受挫，轉化成精神疾病的症狀。古時候的理論首重言之成理，現代的理論則需要證據，這正是實證主義的貢獻。古代神靈的代言人是解釋疾病的人，到今天挖掘疾病的真相已經是科學家的責任了。

　　如果用基因觀點來檢視疾病，又會呈現什麼樣的面貌呢？我

們一起深入生命的數位核心,用基因觀點來看常見的動脈硬化、阿茲海默症、氣喘等疾病吧。法國文豪普魯斯特說:「真正的探索之旅並不在於發現新的路徑,而在於具有新的視野。」DNA時代當然可以用DNA觀點看所有的疾病,DNA的疾病觀就是新的視野。本章選擇的疾病是威脅人類生命的主要敵人,也是當前熱門的話題,更是生物技術發達之後應該優先解決的難題。

一、從 DNA 尋找動脈硬化的療法

現代人食物油脂含量高、運動量普遍不足,無可避免地走上或輕或重的動脈硬化之路。加上生活遠離大自然,而讓現代文明的副產品高血壓、高膽固醇、菸、糖尿病、賀爾蒙、老化等增加動脈硬化的機會。

動脈硬化引發的疾病,不論是腦血管疾病或是心血管疾病,都是多因素共同造成。許多研究發現罹病的人偏向個性比較積極、生活比較忙碌、飲食比較高油脂,而且有家族傾向。美國的日本移民喜歡高脂飲食,他們得心血管疾病的機會是生活在日本的親戚的兩倍。這是環境的影響。不過家族性在血管疾病的發生原因中也扮演重要的角色,例如冠狀動脈心臟病的研究顯示,如果一個人的父親在55歲之前曾發生心臟病,則這個人死於心臟病的機會是一般人的五倍。生活在相同環境下的同卵雙胞胎,兩個人都得到心臟病或是都沒得到心臟病的一致性比例,高於相同

條件的異卵雙胞胎，這些現象明顯指出基因的影響。

動脈硬化是心血管與腦血管疾病的共同點。動脈硬化症的病兆都是從動脈分叉的地方開始，例如心臟的前降支冠狀動脈、腦動脈、頸動脈、腎動脈的分叉等處。動脈硬化會發生在這些地方，與血液的亂流有關。血液流經分叉的動脈產生亂流，造成內皮細胞損傷，這種損傷吸引發炎細胞聚集，發炎細胞釋出白三烯，引來巨噬細胞白血球，巨噬細胞會吞噬運送膽固醇的分子，吞噬以後巨噬細胞堆積在血管壁，形成動脈內皮的脂肪斑，繼續堆積就構成危險的粥狀瘤，而粥狀瘤就是動脈硬化的典型病變。

動脈硬化症是脂肪斑堆積在中型及大型動脈造成的疾病，脂肪斑主要成分是膽固醇。脂肪斑堆積讓動脈狹窄，嚴重時甚至發生血管閉鎖，組織缺血壞死。脂肪斑堆積在不同的位置會造成不同的症狀，如勃起障礙、心血管疾病、中風等，這些嚴重影響生活品質的疾病都是動脈硬化的貽害。

脊椎動物體內都有膽固醇，膽固醇是構成生物體不可或缺的成分。我們的細胞膜由兩種脂質組成——膽固醇和磷脂質，沒有膽固醇，細胞會崩解。維生素 D、腎上腺皮質素，性賀爾蒙都是膽固醇的加工品。沒有膽固醇，我們沒辦法發育，也沒辦法生育。膽固醇從肝臟排出就是膽汁。有時候膽汁會在膽囊內形成結晶，就是膽結石。

膽固醇主要來源是食物中的油脂。我們每天需要大約一克的膽固醇，其中 1/3 從食物中獲取，2/3 體內自行合成。合成膽固醇使用的材料，來自飲食中的油脂，油脂消化成脂肪酸，脂肪酸吸收到

小腸和肝細胞內，加工成為兩個碳的基本建材（乙醯輔酶A）。在細胞內從基本建材到膽固醇加工完成要經過五次主要工程，其中執行關鍵作業的工程師是一種還原酶（名叫HMG-CoA還原酶，中文名比英文更難親近，叫做三羥三甲基麩酸輔酶A還原酶）。

小腸吸收食物中的油脂之後，其中的膽固醇和三酸甘油脂不能溶於血漿中，必須跟脂蛋白元結合成脂蛋白，才能在血中流動輸送。血液中的脂蛋白有好幾種，六到七成是低密度脂蛋白（LDL，壞的膽固醇），它從小腸及肝臟帶膽固醇給全身細胞；二到三成是高密度脂蛋白（HDL，好的膽固醇），它帶回多餘的膽固醇到肝臟處理後排出體外。我們也可以說，高密度脂蛋白是垃圾車，太多的低密度脂蛋白則是垃圾。

雖然有的高膽固醇患者是飲食習慣不良，攝取太多食物中的

簡介低密度脂蛋白LDL

肝臟與脂肪代謝關係密切。肝細胞首先分泌一種大型分子（極低密度脂蛋白）到血中，這是包含三酸甘油脂的分子；肌肉及脂肪組織的微血管取用三酸甘油脂以後，大型分子轉變成低密度脂蛋白，這是一個平均直徑22奈米的圓球型粒子，由約1600個膽固酯分子及600個游離膽固醇分子構成核心，外面包圍著磷脂質分子和脂蛋白元B100。

肝細胞表面有B100受體，可以回收低密度脂蛋白。肝細胞膽固醇存量高時，會回頭抑制受體基因的活動，受體減少，回收脂蛋白的速度變慢，於是血脂肪升高；反之，若肝細胞膽固醇存量降低，受體基因被活化，回收血脂肪的工作效率就提高了。

膽固醇，或是抽菸、喝酒造成的，但是也有不少家族性高膽固醇與基因變異有關。藉由家族性高膽固醇的研究，我們才有機會瞭解膽固醇的代謝途徑，也才有使他停（Statin）藥物的發明。使他停是發給上述還原酶工程師的停工令，可讓生產膽固醇的工程停下來，降低肝細胞內膽固醇的存量。細胞內膽固醇存量一降低，第 19 號染色體的低密度脂蛋白受體基因即被活化，肝細胞表面就會出現許多回收窗口，強化膽固醇回收的效率。據統計美國有 1/10 的人正在服用使他停，不過有些人對藥物沒什麼反應，這是因為還原酶的基因型與眾不同，或是受體基因有缺陷，製造出來的受體沒辦法跟低密度脂蛋白結合的關係。未來個人化的醫療會把基因型辨識列入常規的體質鑑別基本項目，當作用藥的參考。

減少垃圾和增加垃圾車清運量都可以讓環境變好，因此減少低密度和增加高密度脂蛋白都要嘗試。使他停是減少垃圾，擴充肝細胞回收窗口。要怎樣才可以增加垃圾車的清運量？科學家發現，有些人清除膽固醇的垃圾車（高密度脂蛋白），是效率超級高的聯結車。發現的過程是這樣的：義大利的法蘭西齊尼和索都利幫鐵路局員工做健康檢查時，注意到一個家庭，父親、女兒、兒子的三酸甘油脂偏高，高密度脂蛋白則很低，只有正常人的一半，但是他們都沒有動脈硬化疾病。這個現象不尋常。

科學家深入研究後，發現這家人的脂蛋白元 AI 跟別人不一樣。構成高密度脂蛋白的成分當中，清除過多的膽固醇最主要的分子，是一種叫做脂蛋白元 AI 的蛋白，等於垃圾車的機械。這家人的脂蛋白元 AI 第 173 個胺基酸變了（精胺酸變成半胱胺

認識DNA

酸），這是因為 DNA 一個核苷酸突變的結果。由於脂蛋白元 AI 是清除血脂肪的垃圾車，可以清除膽固醇及脂肪斑。科學家推測，經過突變後脂蛋白形成雙分子，就像兩部垃圾車聯結成一部，效率加倍，是一種超強的連結車。這種突變型的基因現在稱為米蘭脂蛋白元 AI 基因（*ApoAI Milano*，簡稱米蘭基因，編碼的蛋白質簡稱米蘭蛋白），可能是一種天賦的長壽基因。

科學家進一步追蹤，發現這個基因的起源，是在義大利米蘭東北方加達湖畔的一個小村落黎夢娜。黎夢娜以往對外交通只有每週一班的渡船，第二次世界大戰時，墨索里尼才開了一條戰備道路，如今已是有名的觀光勝地了。

從教堂的出生記錄看，基因突變應該是發生在十七世紀一位女士肚子裡的受精卵。目前村裡有 1 千個居民，約 40 人擁有米蘭基因，都是這位女士的後裔。他們即使抽菸、喝酒、吃高油脂的義大利美食，也不會罹患冠狀動脈疾病或中風。

美國密西根的 Esperion 藥廠利用基因重組技術，合成米蘭蛋白（ETC-216），用此藥給 57 個人作靜脈注射，每週一劑連續 5 週，結果粥狀瘤的體積明顯縮小了。消息不脛而走，一時股價漲了 3 倍，論文還沒刊出來，輝瑞製藥就以 13 億美元買下藥廠，那是 2003 年的事。

輝瑞單靠使他停類的口服降血脂藥物立普妥，一年就賣出 120 多億美金。不過如前所述，有些家族性高血脂的患者，沒有辦法製造有用的低密度脂蛋白受體，就算服了立普妥，肝細胞表面受體數目增加了，還是沒有作用，血脂還是降不下來。輝瑞想

脂蛋白元的角色

　　脂蛋白元家族是構成脂蛋白的成分，這個家族成員包括脂蛋白元 AI、A II、A IV、B、E 等，不同成員對脂肪的代謝有天壤之別的影響。

　　脂蛋白元 A 構成高密度脂蛋白。其中 AI 可以促進膽固醇酯化以利排出體外，是專門處理血脂肪的清道夫。血中的 AI 或高密度脂蛋白濃度越高，冠狀動脈心臟病的危險性就越低。

　　脂蛋白元 B 分為兩類，B100 及 B48，這兩個蛋白共享一個基因，但是小腸細胞的解胺酶可以編輯 B100 的信使 RNA，讓第 2222 個密碼子變成終止密碼，因此小腸細胞製造的是 B100 前段 48% 的蛋白，故稱之為 B48。B100 是極低密度脂蛋白和低密度脂蛋白的構成成份，在肝細胞有其受體，可以回收低密度脂蛋白。因此 B 基因功能不佳的人會有高血脂症。

　　脂蛋白元 E 蛋白是腦中最主要的脂蛋白元，有清除膽固醇及類澱粉乙的功能。脂蛋白元 E 基因又分三個版本（見下圖），分別是 *E2*、*E3*、*E4*，它們之間只有兩個鹼基的差異。其中以 E3 最普遍，也是清運功能最好的版本。E2 與低密度脂蛋白結合效果最差，如果一個人攜帶的兩個 E 都是 *E2* 版，有嚴重高血脂症的風險，*E4* 則增加阿茲海默症的風險。

　　目前已經有生技公司拿脂蛋白元 E 基因型作為健康檢查之用。

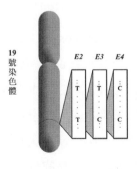

填補這一塊缺角，於是買下米蘭蛋白的專利。原本預計新藥可以在 2007 年上市，但是過了四、五年卻一直沒有進展，為什麼藥廠沒有展開優勢的臨床試驗能力推展新藥？

原來背後有一些很棘手的因素，第一，生產這種複雜的蛋白非常困難，生產了好幾年，只夠做一部分的臨床試驗。其次，這個產品是蛋白質，必須靜脈投予，使用起來不夠便利。再加上藥廠優先主攻另一種口服降血脂新藥，不料在第三期大規模人體試驗時，這另一種新藥心臟的副作用和死亡案例過多，試驗失敗，於是輝瑞痛下決心，宣布暫停開發所有血脂新藥。此外，2007年，一篇論文讓米蘭蛋白高貴的專利寶座上飄來一朵陰鬱得化不開的烏雲。美國心臟學會的雜誌刊載了賓州醫學院的培養細胞研究，研究結論是：米蘭蛋白和尋常型（學術上叫做野生型）脂蛋白元清除膽固醇的效果一樣；如果米蘭蛋白有讓血管不要硬化的額外效果，那應該是清除血脂肪以外的因素。看到這個研究，不禁有個疑問，當初怎麼沒有利用尋常型的脂蛋白元 AI，試驗看看減少粥狀瘤效果如何？會不會效果相當，根本不必花大筆錢買米蘭蛋白的專利？

加拿大一家生技公司（Sembiosys Genetics）於 2008 年利用紅花（safflower）、阿拉伯芥等植物進行基因改造，生產了尋常版和米蘭版的脂蛋白元 AI，比起以往用基改細菌生產，產量多、沒有細菌毒素（內毒素）汙染之虞、造價便宜。細胞實驗效果不錯，動物試驗結果還沒發表。另一家投入降血脂藥物的生技公司就是 Esperion，他們再起爐灶，跟輝瑞分享，繼續推展之前賣給

輝瑞的智慧財產。

除了脂蛋白元，腦血管與心血管疾病還有一個共同基因，也得到注目。這個基因是跟製造發炎物質白三烯有關的輔助蛋白。白三烯，一種由發炎細胞釋出的發炎介質，作用在呼吸道會造成肌肉收縮，引起氣喘發作；作用在血管壁則形成脂肪斑。細胞合成白三烯時需要用到輔助蛋白（基因名叫 *FLAP*，圖 7-1），此基因過度活化會提高白三烯濃度，動脈硬化的機會加倍，腦血管疾病和心血管疾病的風險隨之增加。由於市面上已經有抗白三烯的藥物用來治療氣喘，針對白三烯也是動脈硬化的因素這個發現，有一些研究就利用治療氣喘的藥物試著治療動脈硬化。這個原本非常看好的舊藥新用，這兩年卻一直很沉寂，只看到零星的動物試驗成功的報告，也許利用在人體效果不彰。

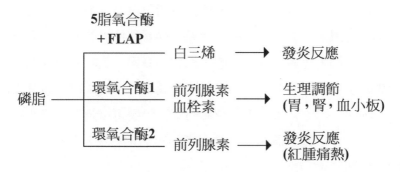

圖 7-1　FLAP 是生產白三烯的輔助蛋白

二、預知失智紀事

隨著人口老化及生活型態改變，台灣失智症的患者越來越多。依據台灣失智症協會的統計，台灣 30 ～ 64 歲失智症人口有 12,638 人，加上 65 歲以上失智人口有 269,725 人，推估 2018 年 12 月底台灣失智人口共 282,363 人，佔全國總人口 1.3 %，亦即在台灣每 80 人中即有 1 人是失智者（表 7-1）。

表7-1：五歲分年齡層失智症盛行率

年齡（歲）	65～69	70～74	75～79	80～84	85～89	≧90
失智症盛行率（%）	3.40	3.46	7.19	13.03	21.92	36.88

阿茲海默症是老年失智最常見的原因，症狀主要分為認知與行為兩方面來表現。認知方面，包括記憶力減退，越近期的記憶越容易遺忘，方向感喪失、迷惑、很難理性思考。行為方面相關的症狀則有焦慮急躁、妄想、幻想、憂鬱、失眠、遊盪迷路。妄想的主要內容是財產被偷跟懷疑配偶不貞，造成自己與家人極大的困擾。治療效果不彰，積極的藥物治療可以讓退化的速度延緩幾年。一旦確立診斷，女性患者的存活期約 5.7 年，男性患者的存活期約 4.2 年。

類澱粉斑與失智

阿茲海默症的特徵是腦細胞逐漸破壞和腦萎縮，乙醯膽鹼等神經傳導物質減少，智能逐漸降低。患者的腦部呈現兩種明顯的病變，一個是類澱粉沉積，另一個是神經纖維糾結。這兩種病變都是不良蛋白的殘渣，堆積在腦中會嚴重影響腦的功能。原本老化就會造成這兩種病變，但是阿茲海默症患者病變的位置集中在大腦皮質和海馬迴，其中大腦皮質是理性思考、語言、記憶與人格特質的中樞；海馬迴則是記憶中樞，所以呈現的症狀也以這些部位的退化為主。

目前所知造成阿茲海默的原因，是類澱粉斑與神經纖維糾結堆積在大腦裡面，破壞了大腦的功能。類澱粉斑的成分是類澱粉乙（β），這是類澱粉前驅蛋白的分解產物。類澱粉前驅蛋白普遍存在我們的細胞膜上，是組成細胞膜的成分，神經細胞前驅蛋白尤其多，作用是幫忙建立突觸和維持神經的彈性。前驅蛋白要汰舊換新，舊的會被分解。分解的過程有點像除草，前驅蛋白從細胞質伸出來到細胞膜外面，就像草從土裡長出來。除草分兩次手續，第一次先割掉一點，割草刀有兩種，留短用甲，留長用乙。第一次手續後除下來的草掃掉，接著進行第二次手續用丙深入土裡除掉，第二次手續除下來的草有短（甲）、長（乙）兩種，短的掃一掃就乾淨了，長的就很麻煩，許多草糾結成一團，變成有害的垃圾。前驅蛋白經兩道手續分解，如果分解後留下長的蛋白——類澱粉乙，而不是短的蛋白，以後就會造成疾病（圖7-2）。阿茲海默症患者腦神經細胞之間，可以見到類澱粉乙堆

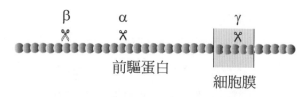

$$\beta \qquad \alpha \qquad \gamma$$

前驅蛋白

細胞膜

有害的 β 類澱粉

無害的 P3 蛋白

圖 7-2　前驅蛋白與分解產物

積，叫做類澱粉斑。它們堆積在腦細胞周圍，讓神經失去正常功能，甚至使腦細胞死亡。

　　針對類澱粉乙的致病角色，有沒有防治的方法？由於分泌酶乙（簡稱乙酶）製造類澱粉乙，使用乙酶抑制劑可以阻止類澱粉乙繼續堆積。實驗觀察到剔除乙酶基因的老鼠，除掉基因之後仍活得好好的，表示乙酶抑制劑療法可能可以全身投予，是值得注意的發展。然而研究阿茲海默症的動物模式，還是以狗最佳，雖然剔除特定基因的老鼠可以產生類澱粉斑堆積的病變，但是它們不會自然發生阿茲海默症。狗跟人類一樣會隨著老化而出現阿茲海默症，不但呈現記憶減退、學習困難、腦中也會堆積類澱粉斑。動物實驗長年給小獵犬補充維生素 C、E、蔬果以及抗氧化劑（alphalipoic acid 和 acetylcarnitine），與未特別補充的同年齡老狗比較，實驗組有比較好的學習能力和記憶力，而且實驗組腦

中類澱粉斑比對照組少了 40%。根據這個實驗就說抗氧化劑可以延緩人類腦細胞老化，當然還言之過早。

另一個與阿茲海默症有關的病變是神經纖維糾結。這是一種稱為「套（tau）」的蛋白糾結堆積在神經細胞內。神經細胞內部有微細小管傳輸養分，微細小管是貫穿神經纖維的高速公路，有時長達一公尺以上。正常情況之下套蛋白負責調節微細小管的傳輸，阿茲海默症患者的大腦，套蛋白發生磷酸化，變得很黏，兩兩黏在一起。這種異常蛋白堆積在神經纖維內，糾結在一起，就像高速公路的護欄糾結在一起堆積於路面一樣，傳輸系統瓦解，神經的信息與養分無法傳遞，最後神經細胞因為營養不良而死。

類澱粉斑與套蛋白破壞神經細胞到一個程度，化學平衡會出現問題。最主要的問題是神經傳導物質乙醯膽鹼不夠用，神經傳導受阻。乙醯膽鹼神經系統退化是阿茲海默症的典型病變，有一個成功的人體實驗，利用基因療法把神經生長素基因轉植到皮膚細胞內，再移植這些細胞到腦內乙醯膽鹼系統部位，可以遏止神經退化。在摸索如何治療這種悲傷的疾病的路途上，基因療法也許是一線曙光。

孟德爾顯性遺傳的阿茲海默症患者，遺傳給下一代的機會高達 50%，目前所知相關基因，有製造類澱粉前驅蛋白的基因（*APP*）──決定草怎麼長，和分泌酶基因（*PSEN*）──決定草怎麼除。孟德爾顯性遺傳的阿茲海默症（在六十幾歲或更年輕時發病）只佔一小部分，5% ～ 10%，其餘是多基因性的阿茲海默症（65 歲以後發病），兩者病理變化沒有什麼差別。多基因遺

傳的患者也有很高比例的遺傳因素，超過環境因素，遺傳性占多少？2006年，瑞典一個大規模的雙胞胎研究統計出一個可靠的數字，答案是60%～80%。

搜尋多基因疾病的基因變化一直是科學家努力的目標，只是對於病因的瞭解仍然十分有限。有一種說法指出病患腦細胞的能源中心──粒線體──有問題。可是比較粒線體DNA的基因序列，卻找不到任何線索。直到最近，有粒線體代言人之稱的瓦萊士才發現，原來突變發生在粒線體DNA的控制區。這一區沒有基因，但是可以調節粒線體基因的表現。他比較阿茲海默症與對照組腦細胞的粒線體DNA，發現有一個核苷酸突變（T414G），高達65%的病患有之，對照組則完全沒有。可以解釋粒線體出問題是阿茲海默症部分成因的說法。粒線體老化很可能是多數老年失智症的成因，因為粒線體DNA突變的機會是核染色體突變機會的十倍左右，經過歲月的累積，充滿粒線體的腦成為老化的器官，是很說得通的。

脂蛋白原E的版本與失智

除了粒線體以外，脂蛋白元E基因的版本跟多基因性的阿茲海默症也有關聯。黑猩猩的脂蛋白元E只有一種版本，容易罹患阿茲海默症那一種。人類則有三個主要版本：*E2*、*E3*、*E4*。大多數人是*E3*版，對偶基因都是*E4*的人，罹患阿茲海默症的機會是一般人的十五倍。

有的研究則觀察到一個E4讓阿茲海默症提早五到十年發

生，而兩個 E4 則提早十到二十年發生。據台中榮總 2002 年發表
的統計，一般台灣人 DNA 版本的比例分別是：

E2：9.4%

E3：82.8%

E4：7.8%

其中臨床診斷符合阿茲海默的失智症患者，*E4* 則高達
19.2%。阿茲海默症患者顯然有比較高的 *E4* 的機會。其他國家的
統計，白種人 *E4* 的頻率約 15%，是台灣人的兩倍；可以預期，
就算以後國人的生活形態與飲食習慣漸漸接近歐美各國，但是國
人罹患阿茲海默症的機會應該會低於歐美。

脂蛋白元 E 與膽固醇的代謝有關，但是為什麼 E4 版的蛋白
會增加阿茲海默症的罹病率？一方面，脂蛋白元 E 主要分布在中
樞神經系統，可以搬走神經細胞多餘的膽固醇，但 E4 運送效果
差，神經細胞膜會堆積膽固醇，間接影響到類澱粉前驅蛋白在膜
的分解，偏向產生類澱粉乙。另一方面，E 可以和套蛋白結合，
讓套不要形成雙體，就無法作怪，E3 與套的結合力比 E4 強又持
久，所以 E3 才是解除套蛋白魔咒的好版本。至於類澱粉與脂蛋
白元 E 的關係，目前所知 E4 蛋白與類澱粉乙結合的情形比 E3
蛋白活躍，它會帶著類澱粉垃圾往神經細胞內運送，造成神經細
胞功能減退。隨著研究方法的改進，這些分子的功能會越來越清
楚，對於疾病的預防和治療也會多一些切入點。

幾十年來對阿茲海默症的瞭解，主要就是孟德爾顯性遺傳的
幾個基因（*APP*、*PSEN*），和非孟德爾遺傳的一個基因（*APOE*）。

一直到近兩年，由於基因體檢驗技術突飛猛進，科學家才有辦法利用全基因體關聯研究尋找其餘相關的基因。根據 2009 年發表的文獻，科學家又找到三個基因：簇素、補體受體和網格蛋白的組裝蛋白。簇素又名脂蛋白元 J，是腦中第二大脂蛋白，僅次於 E，功能跟 E 類似，基因的版本也影響類澱粉乙的清運；類澱粉乙可跟補體受體結合後清除；網格蛋白的組裝蛋白與阿茲海默症的關係還不明確，可能有類澱粉代謝之外的途徑。由於全基因體分析是過去這十幾年才成熟的技術，許多研究也許正在進行，也許剛做完還沒發表。在可見的將來，一定還有新的疾病基因會被揭露，花錢做基因檢測評估失智風險的時候，要注意有沒有加入新的基因項目，可不要被當作失智的人對待。

目前有許多生技業者，以脂蛋白元 E 的版本為唯一的項目，評估失智症的風險。只是這種過度簡化的風險評估，容易讓人誤以為單一基因是決定會不會生病最主要的因素。其實要估計一個人失智的風險，除了 E 的版本，還必須列入新發現的相關基因，詳細分析家族史，更重要的是，必須從個人的生活習慣中列出危險因子。這樣做一方面能提高準確度，一方面也提供消費者正確的風險觀念。高血壓有好好治療嗎？沒有，風險乘以 4.8。抽菸嗎？有，風險乘以 1.8。吃太多加上運動不足，太胖了，風險乘以 3。沒有朋友？風險乘以 2。生活的內容有許多跟失智相關的因素，要降低失智風險，這些細節比基因重要，何況，基因已經無法改變，生活卻可以設法調整。

利用 DNA 分析所做的阿茲海默症或是失智風險評估，到底

有沒有用處，讀者宜仔細評估。細心的阿茲海默症研究甚至不會告訴提供檢體的人檢驗結果，因為也許只是增加他的焦慮不安，卻沒有實質的幫助。不管什麼樣體質的人，不論想避開什麼樣的疾病，健康的生活方式其實都一樣。不外乎睡眠充足，經常運動，親蔬果、遠肉食，親自然，遠菸酒，經常閱讀，參加文藝活動。當然，身體有病痛要維修，高血壓、糖尿病、高血脂、憂鬱症等疾病必須立即積極治療。凡此種種，都是知易行難。檢測DNA預知自己失智的風險，若能讓自己更堅定遵循健康的生活方式，更積極從事風險管理，確實是一種價值。但是自律嚴謹一點，就算不知道自己失智風險是不是比別人高，仍樂於採取健康的生活方式，產生的效果其實完全一樣。

三、氣喘是許多基因被環境因素挑起的反應

複雜疾病的特色是先天的基因和後天的環境兩個因素共同攜手讓疾病成型。這種疾病跟孟德爾遺傳的疾病不一樣，複雜疾病在人口中可能有一成左右或更多的人罹病，孟德爾遺傳疾病則罕見，1萬、10萬或100萬人才有一個病例。孟德爾遺傳疾病單一基因是生病的原因，通常也是唯一的原因；複雜疾病常常有明顯的家族傾向，但是環境因素對外顯的機會有決定性的影響，氣喘就是一例。

氣喘其實是一種症狀。表現出氣喘症狀的患者,可以有相去甚遠的發病年齡、病程、對外來物質的過敏反應、藥物療效等等。過去 20 年來,氣喘患病比率明顯增加,如今台灣學童 10% 以上有氣喘的病史,環境惡化因素的影響已經很嚴重了。如何監控空氣污染,如何改進治療方法,是棘手但重要的公共衛生和醫療課題。

藉由氣喘基因的研究,可以進一步瞭解致病機轉;可以依基因型細分氣喘患者為幾個類別,尋求特別的治療;也許還可以找出一部分特別危險的氣喘患者,減少突然發作致命的案例。利用連鎖分析的研究,科學家已經發現許多與氣喘相關的染色體位點,這些位點上的候選基因要在氣喘的致病因素上扮演重要的角色,必須符合幾個條件:

1. 基因產物與氣喘的疾病生理有關;

2. 基因突變造成的功能變化足以說明發生氣喘的理由;

3. 突變的基因版本在人口中需有相當的比例,例如 1% 以上的人口擁有,才有篩檢的價值。

氣喘是指反覆發生的呼吸道攣縮、發炎,使人出現呼吸困難、胸悶、咳嗽、喘鳴的症狀。氣喘的特徵是體質特殊的人對環境因素過度敏感,當含有過敏原、化學污染、溫度變動很大的空氣進入呼吸道,或是有呼吸道感染時,敏感的支氣管會想辦法減少空氣進入:一開始是管壁的肌肉過度收縮造成呼吸道阻塞,接著發生呼吸道的發炎反應,管內出現分泌物。平常人的呼吸道遇到有問題的空氣,也會有同樣性質但是程度不同的反應。呼吸道

這種反應原意是為了保護人體，隔絕有害的氣體進入肺部。氣喘的人，呼吸道肌肉細胞數目是一般人的好幾倍，加上過度敏感，對不是那麼有害的空氣成分都產生嚴重反應，甚至連氧氣要進入肺部都有困難，這時就有危險了。

　　呼吸道過敏由抗原、抗體（免疫球蛋白 E，IgE），及肥胖細胞表面受體（接受 IgE）三者聯手啟動。抗體的兩端像手和腳，手用來抓抗原，腳則踩在受體上，就像小王子站在小行星上抓著一朵花一般。受體分為甲、乙、丙三個部分，甲露在細胞膜外面，與抗體結合以後，經過嵌在膜上的乙放大信息，再透過膜內的丙傳出信息給細胞核裡面的 DNA。皮膚、呼吸道及消化道的肥胖細胞表面有受體。如果血中抗體增加，會黏附肥胖細胞表面的受體，這是熱機的動作，沒有真正造成生理變化。此後如果抗原再度出現，肥胖細胞表面的幾個抗體抓住一個抗原，於是兩個或更多個受體聚攏在一起，這個動作就會啟動細胞的信息傳遞，激發細胞激素分泌，讓免疫系統的信號分子介白質、腫瘤壞死素、細胞生長素，和組織胺從肥胖細胞釋放出來。這些物質正是引發和維持過敏反應與發炎的主角（圖 7-3）。

　　抗體刺激細胞生產及釋出介白質，現在介白質又可以回頭刺激細胞製造抗體，形成一個沒完沒了的過敏惡性循環；介白質和其受體的基因版本可能是致死氣喘的決定性因素。氣喘發作的急性期，組織胺讓支氣管平滑肌收縮，造成呼吸道狹窄；這時就需要腎上腺素讓收縮的平滑肌鬆開，恢復呼吸道通暢。長期而言，細胞生長素使支氣管平滑肌增生，因此支氣管的收縮變得迅速而

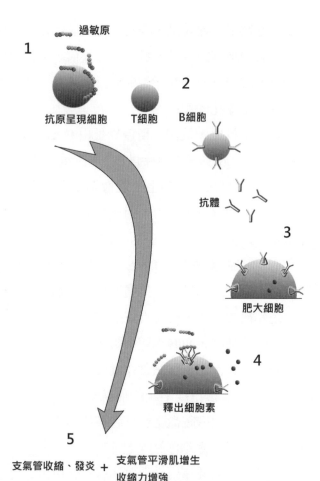

過敏原

1

抗原呈現細胞　　T細胞　　B細胞

2

抗體

3

肥大細胞

4

釋出細胞素

5

支氣管收縮、發炎　+　支氣管平滑肌增生
　　　　　　　　　　收縮力增強

圖 7-3　氣喘發生的歷程。1、與過敏原初次見面，抗原呈現細胞捕獲過敏
　　　　原。2、淋巴球收到抗原呈現細胞指令，在 T 細胞協助下，B 細胞
　　　　開始製造抗體。3、抗體與肥大細胞表面受體結合。4、再度遭遇
　　　　過敏原，過敏原與肥大細胞表面的抗體結合，造成受體聚攏，引
　　　　發介白質、白三烯、組織胺、細胞生長素等細胞素釋出。5、氣喘
　　　　發作。

有力，偏偏氣喘患者的平滑肌增生卻不是治療氣喘的仙丹類固醇所可以逆轉的，所以才會有不容易治療的氣喘病患。

從氣喘發生的歷程，可以瞭解支氣管平滑肌肥大與過度收縮，是眾多參與控制支氣管的基因之中有些出了問題。科學家利用雙胞胎研究、候選基因連鎖分析或全基因體關聯研究，比較有氣喘症的人和一般人的基因體，找到上百個跟氣喘發作有關係的基因。由於基因體定序完成之後，基因研究的方法有長足的進步，新的致病基因不斷被挖掘出來。但是有些致病基因剛被提出，下一個研究就看不出它的致病性了。台灣的媒體喜歡報導國內實驗室發現某疾病的致病基因，讀者看看就好。只有反覆出現在不同研究結果裡面的致病基因，比較可能在氣喘發作的歷程中發揮不可忽視的作用。

這些反覆出現的基因，包括在氣喘發作的歷程當中重要的角色，例如跟平滑肌收縮有關的基因、跟肥胖細胞活動和發炎有關的基因、解毒的基因、和利用全基因體關聯研究，在不同的族群發現的共同的致病基因，其中有些是首度曝光的幕後黑手。

一個新發現的氣喘相關基因，是 17 號染色體上的一個黏蛋白（*ORMDL3*）。基因體解碼後，徒有一大串字母，不知道哪裡才有基因，有什麼基因。科學家就利用酵母菌等研究得比較徹底的模式生物的基因，比對人類基因體，看看有沒有類似的片段。利用這個方法，果真找到許多基因，黏蛋白家族就是其中一種。從酵母菌，到果蠅，到小鼠，到人類，細胞內都有黏蛋白基因。以前從沒有人知道它跟氣喘有關係，全基因體關聯研究成為研究

利器之後，才在包括白人和黑人等幾個不同族群的研究中，發現它的版本跟氣喘有關係，基因突變提高氣喘風險 1.7 倍。迄今已知基因的功用是在內質網摺疊蛋白，可以維持一種細胞膜基本分子（鞘脂）的平衡，但是為什麼有的版本比較容易發生氣喘？有沒有因而產生新的治療的可能？這些問題還需要進一步研究。

2003 年伊德威發現金屬蛋白酶基因（*ADAM33*）的多樣性與氣喘有關。金屬蛋白酶含有一個鋅，可以分解其他蛋白。它由兩個部分構成：一個分解素（a Disintegrin）和一個金屬蛋白（a Metalloprotein），乃命名為 *ADAM*。精子也含有大量金屬蛋白酶，是馬拉松障礙賽最後一關、突破卵子保護層時必要的裝備。

金屬蛋白酶至少有 35 種，其中 *ADAM33* 基因在氣喘患者有不尋常的版本。氣喘患者支氣管的平滑肌和纖維母細胞有明顯增殖，原因可能是細胞生長素受體接受信息後，金屬蛋白酶無法適時分解生長素和受體，於是信息維持活躍的狀態，造成平滑肌過度增殖。這時候呼吸道一旦遇到刺激，過多的平滑肌一收縮起來氣管就太狹窄了。針對這一點，如果可以找到增強金屬蛋白酶活性的藥物，等於另闢一扇治療氣喘症的大門。

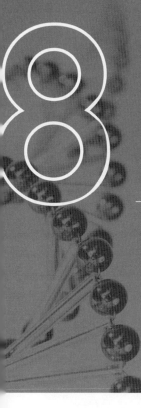

8 人工基因的用途

一、基因可以用來治療疾病嗎？
二、基因可以用來當作疫苗嗎？
三、如何運送基因到細胞內？
四、操作DNA可以製作多能幹細胞

　　基因是構成生物體遺傳信息的功能和物理基本單位，也是生命現象的基本程式。利用人工製造的基因，讓它在同種或不同種的生物體表達，已經成功造福人類一段時日了。

　　藉著 DNA 重組技術，把人工基因送入微生物或植物體內，讓它們製造蛋白供人類使用，目前已有不錯的成績（圖 8-1）。如今常用的基因工程蛋白有：

　　1. 賀爾蒙：治療糖尿病的胰島素、用在身材短小的生長激素、婦產科常用的性腺激素。

　　2. 凝血因子：血友病患使用的第 8、第 9 凝血因子。

　　3. 基因重組疫苗：B 肝疫苗、吸入型流感疫苗、人類乳突病毒疫苗（就是子宮頸癌疫苗）。

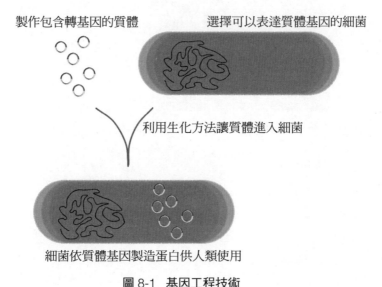

製作包含轉基因的質體　　　　　選擇可以表達質體基因的細菌

利用生化方法讓質體進入細菌

細菌依質體基因製造蛋白供人類使用

圖 8-1　基因工程技術

4. 各種血球生成素：洗腎患者常用的紅血球生成素、骨髓移植或化療以後使用的白血球或血小板生成素。

5. 血栓溶解劑及抗血栓劑：用於急性心肌梗塞或中風。

6. 各種單株抗體：用於壓制免疫反應，或針對特定的細胞表面受體做競爭結合以治療癌症。

7. 干擾素及介白質：治療免疫疾病、感染症、癌症等。

利用基因工程技術生產藥物的方法，幾乎全面取代以往從人的血清或腦垂體萃取少量蛋白的方法。早年治療血友病用的凝血因子都是從捐血人的血漿萃取來的，過去曾發生拜耳藥廠製造的凝血因子被愛滋病毒污染，結果造成世界各地不少血友病患感染愛滋病的慘劇。當然那時候人們對愛滋病還一無所知，但這就是

血清產物的壞處，誰知道眾人的血清裡還有什麼不為人知的危險病毒呢？

相較之下，基因工程蛋白比傳統萃取更乾淨、更純化、比較不會產生中和抗體、效果較好；加上來源不虞匱乏，價格越來越便宜，於是基因工程製作的蛋白逐漸鰲占生技界龍頭地位。

不過蛋白質產物畢竟有引起免疫反應的缺點，一開始很有效的產品，經過重複使用，產生抗體後就漸漸失效了。此外，蛋白質作用時間短，必須重複給藥，就像胰島素要一天打好幾次、凝血因子只能作用幾個小時，經常需要補充。為了克服這些缺點，需要尋求基因療法。針對疾病的原因，植入基因到細胞內執行任務，以預防或治療疾病，是基因療法的理想目標。

一、基因可以用來治療疾病嗎？

西元前兩百多年，秦國大軍打到了趙國，趙國向姻親魏國求救。魏王派出一支軍隊馳援，卻害怕秦國報復，就讓軍隊停留在邊境上，不進也不退。魏王弟弟信陵君，想方設法要去解救趙國的急難。這時候信陵君門下食客侯嬴獻了一計。由於信陵君曾經幫魏王愛妃如姬報了殺父之仇，計策就是請如姬幫忙偷盜魏王兵符（軍令），好就近率領邊境上的部隊救趙。如姬當下就答應道：「向宸軒睿居，偷天換日，強似攜雲握雨。」意思是說：為了報答信陵君大恩，我到魏王寢宮盜符，用偷天換日的手段，要勝過

認識DNA

藉著博取魏王的恩愛來取得。就這樣解除了趙國的危難。

　　基因出問題，身體功能可能沒辦法正常發揮，就像沒有正確的兵符，就無法調動指揮軍隊。科學家有什麼辦法處理基因的疾病？

　　1、基因有欠缺，植入正常基因。製造一個完好的基因，讓細胞自行生產指定的蛋白，等於用偷天換日的手段取得兵符，教細胞內已經關閉的基因工程製藥廠重新工作，這是基因療法的首要目標。在已知的四千多種單基因疾病中，大部分是因為基因表現不足、蛋白分子缺乏，例如血友病（缺乏凝血因子）、先天性免疫不全症（免疫細胞無法成熟）。如果能修正這些有缺陷的基因，就能治癒疾病，可是目前的科技還沒有這個能力。現在可以做的，是植入正常功能的基因到細胞裡，異常基因仍然留在細胞內。

　　2、特化細胞壞了，讓其他細胞表達基因。基因療法第二個目標是特化細胞的取代療法。有的疾病是基因沒問題，但是負責表達基因的特化細胞出了問題，讓器官功能受到影響。例如慢性腎衰竭患者會伴隨嚴重貧血，是因為腎臟細胞壞掉了，沒有辦法生產紅血球生成素（EPO），這是製造紅血球不可或缺的生長素。轉EPO基因到肌細胞內，讓肌細胞生產紅血球生成素，可以治療腎衰竭併發的貧血。

　　又如，胰島細胞破壞後就無法生產胰島素了，造成糖尿病。有一種基因療法的實驗是取出鼠的肝細胞做培養，植入胰島素基

因，再把細胞移回體內，就可以代替胰島細胞執行應有的功能。

3、讓休止的基因再度表達。有些疾病不是基因或特化細胞的問題，但是藉著基因功能的強化，讓已經休止的基因再度表達，以修補體內故障的部分，是基因療法第三大目標。例如把血管新生素基因植入心肌，治療缺血性心臟病；或是把神經生長素基因植入皮膚細胞，再把這些細胞注射到大腦中屬於膽鹼系統的神經細胞所在，可以治療膽鹼系統退化的阿茲海默症。這些作法都有人體實驗成功的報告。

4、修正拼字錯誤的基因。有些疾病是因為細胞製造異常蛋白造成的。例如常見於非洲裔黑人的鐮刀型貧血病，根本原因在於血紅素基因的一個核苷酸被取代（A → T），所以製造出異常血紅素。攜帶這種異常血紅素的紅血球，在氧氣不足的情況下會變成鐮刀狀，行經脾臟時會被破壞。這類疾病的基因療法是關閉製造異常蛋白的基因。當然最理想狀態是能瞄準基因出錯的地方，讓製造異常蛋白的指令變成製造正常蛋白的指令，這個技術剛露出曙光，就是下一章要探討的 CRISPR 基因編輯。

治療異常蛋白造成的疾病，除了技術上的難題，還有一個倫理上的問題：異常蛋白造成的疾病往往有不可逆的病變，例如有些沉積症會造成腦病變，纖維囊腫會造成支氣管擴張，基因療法必須在造成病變之前完成。如果病變已經形成，再施行基因治療也沒什麼用了。因此治療對象必須是尚未發病的小孩，但是目前基因療法還屬實驗性醫學範疇，除非短期內有致命的病程，否則不宜在兒童身上進行試驗。這種內在的矛盾限制了基因療法的進

展。

5、激活自殺基因（*TK*）。有一種自殺基因，取自疱疹病毒，可以將無毒的鳥嘌呤類似物（GCV）磷酸化，磷酸化後可假冒組成 DNA 的材料，變成一種劇毒。細胞複製 DNA 的時候，如果取用到這個材料，DNA 就無法繼續擴展，而且雙螺旋結構也遭到破壞，會進一步引來細胞週期的守護者執行細胞凋亡動作。人的細胞沒有疱疹的自殺基因，如果把自殺基因植入癌細胞內，再投予 GCV，就可以在細胞分裂時毒死癌細胞。

利用自殺基因治療疾病有個例子，藉反轉錄病毒載體攜帶自殺基因進入腦瘤細胞。反轉錄病毒只進入分裂中的細胞，正常腦細胞不再分裂，不會被入侵，這個方法可以選擇性消滅腦瘤細胞。縱使不是所有腦瘤細胞都被成功植入，只要其中一部分植入成功，相鄰的癌細胞也會受到毒物波及，所以是有效的療法。

自殺基因還有其他可能的用途，把病患欠缺的基因植入幹細胞治療先天免疫不全症的同時，如果也植入自殺基因，將來萬一基因轉移的幹細胞叛變成癌細胞時，只要給予 GCV，這些叛變細胞就會死亡。下一章公案就有基轉幹細胞叛變的例子，或許可以利用自殺基因幫忙控制這些細胞。

很多種病毒潛伏在細胞內可以造成癌症，如果能改變病毒的潛伏狀態，讓病毒大量複製，引爆細胞，就可以消滅病毒潛伏的癌細胞了。譬如 EB 病毒是淋巴瘤和鼻咽癌等癌症的原因，EB 潛伏在細胞內製造潛伏蛋白，誘使細胞增殖及轉形成癌細胞。EB 病毒的最早期基因（*IE*）蛋白產物可以啟動病毒複製，如果基因

啟動子被關閉（甲基化），病毒就處於潛伏狀態。反過來說，如果可以用人為的辦法啟動基因，病毒將進入複製狀態。

二、基因可以用來當作疫苗嗎？

基因疫苗也可以說是一種基因療法。傳統的疫苗，有的是利用減毒的活性微生物製作的，例如口服小兒麻痺、水痘、輪狀病毒、腮腺炎麻疹德國麻疹混合疫苗；有的是利用物理和化學方法殺死的微生物，或是基因工程生產的蛋白當做抗原，例如第二代的 B 肝疫苗、五合一、嗜血桿菌、肺炎疫苗。基因疫苗則是直接注射 DNA 到體內，讓身體自己生產抗原，激發免疫反應。

傳統的疫苗抗原由體外注射入人體，經抗原呈現細胞吞噬後，被分解的抗原碎片由第二型組織蛋白推出，B 淋巴球接到信號就開始製造抗體。這個路徑引發的免疫反應是抗體反應。基因疫苗注射入生物體內的是質體 DNA，質體進入細胞後在細胞內製造抗原。因此基因疫苗和真正經歷一場感染相似，都是在進入細胞後才製造抗原。這種內生抗原由第一型組織蛋白推出，會徵召殺手細胞參與追獵入侵者的戰役。亦即內生抗原經第一型組織蛋白引發細胞免疫，與外來抗原被吞噬後再由第二型組織蛋白推出引發的抗體免疫不同。除此之外，植入 DNA 的細胞死亡後，細胞內的抗原釋出，就可經由抗原呈現細胞引發抗體反應。所以基因疫苗能引發殺手細胞反應和抗體反應。

　　基因疫苗注射的 DNA 可以是致病微生物表面蛋白基因，也可以是癌細胞特殊蛋白基因。有人把這些基因植入樹突細胞，一種抗原呈現細胞，讓它有效呈現抗原。或者把細胞激素等可以提升免疫反應的基因植入腫瘤細胞，以激發患者的免疫系統產生抗癌的作用。這一類的基因療法比較像疫苗的作用，都是利用患者本身的免疫系統來達到防治疾病的目標。

　　有些傳統疫苗副作用很大，例如預防天花的牛痘疫苗，是一種活病毒疫苗，接種後會引發痘病。根據美國疾管局的資料，每100 萬個初次接種牛痘的人，有 1 千個會有嚴重的不適反應，包括身體某個部位或全身性的皮疹、疼痛或嚴重過敏。另外還有數十個人發生可致命的全身反應，包括原來有溼疹的部位長牛痘，痘疹侵入組織造成壞死，或是腦炎。這 100 萬人當中有一、二人死亡。幸好牛痘疫苗效果非常好，1977 年在索馬利亞出現人類最後一個自然感染的患者，之後就絕跡了，因此現在已經沒有藥廠生產牛痘疫苗了。那是人類公共衛生最偉大的成就。問題是，天花是一種非常恐怖的生物武器，911 之後美國出現炭疽熱生物武器，那時就很擔心有人使用天花病毒。因為炭疽熱不會人傳人，只有接觸到細菌孢子的人會得病死亡；天花則很容易人傳人，萬一有人散播天花病毒，將造成難以估計的死傷。

　　美國陸軍傳染病研究所的胡博，取牛痘病毒的四個基因製造基因疫苗，其中三個基因產物可誘導白血球製造中和抗體，另一個則可以引誘免疫系統補體攻擊。他利用基因槍把含有這些基因的質體打到三隻恆河猴體內，第一次在一兩年前，第二次在五

週之前。再把致死劑量的猴痘病毒注入血管，猴痘就是猴子的天花，牛痘、猴痘跟人類天花有交叉免疫，結果三隻都活下來了，只長幾個痘子。作為對照組的三隻猴子沒有接受疫苗則都死了，可見基因疫苗預防猴痘有不錯的效果。

三、如何運送基因到細胞內？

細胞膜的基本構造是磷脂質，其中親水的磷酸分子排列在面向細胞質及組織液的位置，疏水的脂質則不接觸這些水溶液，因而形成磷脂—脂磷的雙層結構（圖 8-2），另外還有膽固醇來增強

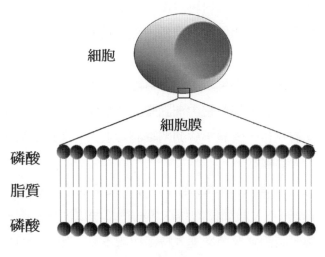

圖 8-2　細胞膜的構造

結構的韌性。地球上所有細胞，都是由這種構造包裹而成。細胞膜是非常重要的構造，它不僅圈定細胞各種胞器的活動範圍，更重要的，它是管制所有物質進出細胞的門戶。

細胞要維持運作，需要用到許多物質。這些物質不能隨意進出細胞，必須經過細胞膜上的門戶，以維持細胞內環境的恒定。單純的物質經過簡單的通道，就可以滲透到細胞內，例如水分子；細胞內外濃度差很多的物質由幫浦管制，例如鈣離子、鈉離子、鉀離子。細胞膜上還有許多受體可以讓信息分子進入，啟動細胞內的信息傳遞活動，使 DNA 進行特定基因的表現；受體種類多，數量也多，單單表皮生長素受體，我們的每個細胞就有 2 ～ 5 萬個。

有些病毒可以利用細胞膜上的受體進入人體細胞。病毒的基本結構很簡單，就是蛋白鞘包覆著基因體，有的外面還有一層被膜。把病毒基因體想像成一把劍，蛋白鞘就像劍鞘，被膜就是劍袋了。

除了噬菌體病毒可以主動把自己的基因體注入細胞，其他的病毒要進入細胞，都要經由細胞膜上的受體。病毒表面結構如果不符合受體規格，受體不會開門讓病毒進入，所以禽流感的病毒無法進入人類細胞。

利用可以進入人類細胞的病毒，挾帶我們要送入細胞的基因，是輸送 DNA 最簡便的辦法。利用這個原理製造的運輸工具就是載體，載體就像準備進入特洛伊的木馬。如果治療目標是加入一段基因，載體要帶著它通過細胞膜進入細胞。進入細胞的轉

基因在每一個細胞基因體的落點可能都不一樣，嵌入細胞 DNA
的轉基因有機會終身表現，因為細胞複製時轉基因也會隨著複
製。有些載體無法讓轉基因嵌入細胞的基因體，這種載體就是游
離基因載體。利用游離基因載體植入的基因可以短暫表現，但不
會隨細胞複製而複製。這種情形就好比一本有一些錯誤的故事
書，如果勘誤表是裝訂在書裡面的，拷貝時勘誤表會跟著複製，
如果勘誤表是獨立於外的一張紙，拷貝這本故事書時，這張紙並
沒有跟著複製，是一樣的意思。

利用病毒可以製作載體。病毒一旦進入細胞之後，病毒基因
體一方面要複製自己，一方面要製造包括病毒鞘在內的新蛋白，
然後再把新製造的基因體和鞘蛋白組裝成新的病毒，這個組裝的
動作需要組裝信息引導。病毒基因體上的組裝信息序列具有辨認
自己的結構蛋白的特異性，能指引基因體與正確的結構蛋白組裝
成新的、具感染性的後代。如果把基因比喻作乘客，病毒結構蛋
白是飛機，組裝信息就像是乘客手上的機票，機票上載明乘客能
搭乘哪一家公司的飛機，沒有組裝信息的基因體，就無法被特定
的結構蛋白包覆。

製作病毒載體要操作病毒的組裝信息。製作病毒載體時，需
要用到剔除組裝信息的病毒基因體來生產飛機，這些病毒基因等
於製造飛機的工程師，只是機票被沒收了。另外還要用到握有機
票的轉基因，這是我們的戰士。把這些原料送進培養細胞內，它
們開始忙著製造飛機及複製自己。病毒本身的基因體已被剔除組
裝信息，沒辦法組裝到病毒鞘內；我們所要植入的基因，將登上

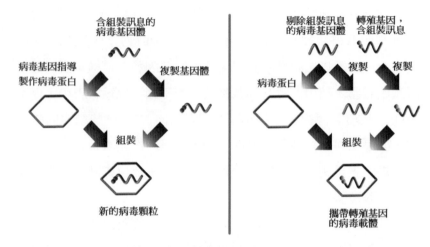

含組裝訊息的
病毒基因體

病毒基因指導
製作病毒蛋白

複製基因體

組裝

新的病毒顆粒

剔除組裝訊息
的病毒基因體

轉殖基因，
含組裝訊息

病毒蛋白

複製　複製

組裝

攜帶轉殖基因
的病毒載體

圖 8-3　載體製作簡圖

新造的飛機而構成載體（圖 8-3）。這個方法製造的載體在進入細胞後沒有複製能力，與死病毒無異。如果還有複製能力的話，等於把大量活生生的病毒注入人體，豈不是害死接受基因療法的人！

　　常用來製作載體的病毒有反轉錄病毒、腺病毒、腺伴隨病毒、疱疹病毒等。每一種病毒載體各有優缺點，選擇的訣竅：

　　1. 要安全：病毒蛋白引起的過敏及發炎反應，和轉基因嵌入基因體的位置，都有可能產生非常嚴重的副作用。

　　2. 須考慮轉基因表現期的長短：如果只需暫時表現，例如為了長幾條新的血管植入血管內皮生長素基因，只要用游離基因載體就可以了；如果需要長期表現，例如植入凝血因子基因給血友病患者，就要考慮能夠讓轉基因嵌入基因體的載體。

3. 載體是否特別偏好哪一種細胞？例如疱疹病毒就特別容易進入神經細胞。載體是否只能進入分裂中的細胞？還是也會進入分化成熟的細胞？若要針對癌細胞植入基因，最好選用前者。

4. 載體的容量：太大的轉基因就不能用小容量的載體。

還有一些載體不是病毒。自然界有一種重要的核酸分子，可以用來輸送和複製 DNA，這種分子就是質體（圖 8-4）。質體是一種環狀的 DNA 分子，大小介於數千至十萬對核苷酸之間。它存在於細菌以及一些真核細胞中，可以在宿主細胞中獨立進行複製。利用基因工程技術製造攜帶轉基因的質體，讓它在大腸菌體內複製，每一隻大腸菌內可以複製無數個質體，每個培養皿內可以複製無數隻大腸菌，因此很快就可以製作大量的質體。直接以裸露質體做肌肉注射，可以讓轉基因進入肌細胞核，肌細胞就可

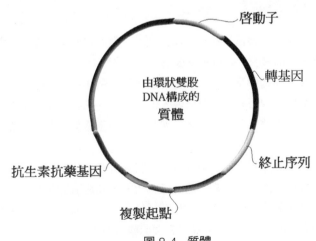

圖 8-4　質體

以製造基因產物。只是轉植的量很少，跟病毒載體差千百萬倍。有一種設備叫基因槍（圖 8-5），把質體黏附在金或鎢微粒子上做成子彈，用基因槍射入核內，目前的應用主要供農作物使用。有大鼠實驗用基因槍把介白質基因送達皮內腫瘤組織，以激活自然殺手細胞跟 T 淋巴球，讓它們攻擊腫瘤細胞，可以使腫瘤縮小。但是深部組織無法利用基因槍送達，身體表面的皮膚細胞或培養細胞才可以。

把質體包覆在磷脂質內形成微脂粒，也是運送轉基因的一種方式。由於細胞膜主要成分為磷脂質，因此微脂粒可以跟細胞膜融合，進入細胞。給目標細胞通電或是超音波震盪，讓細胞膜暫時出現漏洞，微脂粒就有機會進入細胞。一般而言，微脂粒傳送

腺伴隨病毒載體

腺伴隨病毒是一種依賴病毒，本身缺乏完整的複製酶，需依賴腺病毒或疱疹病毒的酶複製。病毒本身很小，它的單股 DNA 長度只有 5 千個核苷酸，可以容納的轉基因最大只能有四千五百個核苷酸。這種載體植入的基因在細胞核內不一定游離或嵌入細胞 DNA。它的好處是幾乎不會引起免疫反應，載體注入人體以後，可以到達各種器官，也可以植入不分裂的細胞。

腺伴隨病毒載體的實例是用在承載類胰島分子（*IGF1*）基因。類胰島分子可以促進肌肉細胞分裂，藉此造就大力士或是拮抗衰老。用於小鼠可以增加肌肉量及運動的表現，提升 15% 以上。如何判定運動選手有沒有利用基因療法提升戰鬥力，是遲早要面臨的問題。

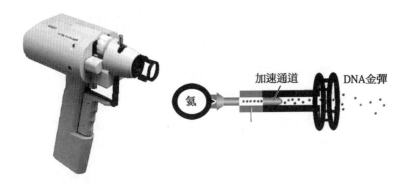

加速通道　　　DNA金彈

氦

圖 8-5　基因槍

效率不高。

　　還有一種包覆 DNA 的方法，原理與微脂粒類似，但磷脂質
改用複合物，複合物一般由聚陽離子與配體組成。例如利用聚離
胺酸的正電性吸引負電性的 DNA；配體可以是醣蛋白、抗體或
其他生物分子，負責與細胞膜受體結合並進入細胞。包覆在複合
物內的 DNA 進入細胞以後，可以躲避酵素分解，把轉基因送入
細胞核。由於製作容易，輸送效率高，因此這個方法有可能成為
基因療法的主流。

　　非病毒載體因為沒有病毒的表面蛋白，不會引起嚴重的免疫
反應，是主要優點。其他優點還有承載量大，可達三萬到四萬個
核苷酸，勝過大部分的病毒載體；加上製作技術單純，品質比較
好控制。缺點最主要是植入細胞的效率不如病毒載體，而且轉基
因的表現期間短，通常在 48 小時達到表現巔峰，大約七天就沒
有作用了。

四、操作 DNA 可以製作多能幹細胞

幹細胞近幾年已經成為最受矚目的生物科學明星,主要的原因是許多疾病有機會利用幹細胞治癒,例如帕金森症、癱瘓、糖尿病等等。幹細胞究竟是什麼?它是一種可以長期更新自己的非特化細胞,在特別的環境條件下,幹細胞可以分化成特化的細胞,例如胰島、血液、肌肉、神經細胞等等。我們的身體有兩百多種細胞,都是從一顆受精卵發育來的。受精卵是最全能的幹細胞,受精卵發育成胚,胚的組成細胞還沒有特化之前,也是由幹細胞組成,它們叫做胚胎幹細胞。等到人體各部分的構造都製做完成,幹細胞就很少了。所以細胞壞掉了以後,人體不見得能自動補充新細胞替換壞掉的細胞,人就生病了。如果可以有個方法讓人體多能幹細胞的數量變多,也許身體壞掉的部分就可以修補,疾病就可以痊癒。

蘇格蘭羅斯林研究所的科學家,取了多賽羊的一個乳房上皮細胞的核,放進蘇格蘭黑面羊一個除掉核的卵子,成功製造出一隻無性生殖的多賽羊,就是 1996 年誕生的桃莉。新聞見報的時候,立刻震驚全球。那是利用核轉移技術人工製造哺乳動物無性生殖的第一個例子。

美國的湯姆森和吉爾哈特,於 1998 年分別成功培養出人類胚胎幹細胞株和人類生殖幹細胞株。這些幹細胞株是永生細胞,培養這種幹細胞,可以在必要的時候,誘導它們分化成需要的成熟細胞,用來治療疾病。

胚胎幹細胞有發育成胚胎的潛能，而且取用胚胎幹細胞的時候，會破壞胚胎的前身——囊胚。這一來，就產生了許多至今仍爭論不休的倫理議題。此外，將來使用幹細胞的人可能組織抗原型不合，排斥這些細胞。最好的辦法還是為需要用到幹細胞的病患量身訂做胚胎幹細胞，從病患身上取得細胞，想辦法讓它轉化成幹細胞。

2006 年，日本京都大學 43 歲的教授山中伸彌，從桃莉羊得到一個靈感。桃莉羊的遺傳物質來自一個成熟細胞的核，只是加上卵子的細胞質，就讓成熟細胞的遺傳物質改編，變成多能的胚胎幹細胞，並且成功培育成一隻羊。山中認為，桃莉羊的成功，表示成熟的細胞只要經過適當的基因誘導，就可以改編成胚胎幹細胞。他挑選了 24 個在幹細胞裡頭表達活躍的基因當做候選基因，測試這些基因當中是不是有一些可以讓小鼠的成熟纖維細胞改編成多能幹細胞。他們利用反轉錄病毒，把這些基因植入小鼠胚胎和成熟小鼠的纖維細胞，結果找到四個轉錄因子基因（*Oct3*，*Sox2*，*c-Myc*，*Klf4*），只要同時植入這四個基因，兩種纖維細胞都轉變成幹細胞，而且跟胚胎幹細胞一樣，可以發展出三個胚層的組織，也可以發育成為一個胚胎。

這四個讓已分化的細胞轉變成幹細胞的基因，可稱為山中因子。製造出來的跟胚胎幹細胞一樣多功能的細胞，叫做誘導多能幹細胞（iPS）。

2007 年有兩篇重要的論文同時發表了，山中伸彌用前述四個基因，使 36 歲女人的臉皮細胞成功轉變成胚胎幹細胞。威斯康

辛大學湯姆森研究室使用新生兒包皮的結締組織細胞，用不太一樣的四個基因（*Oct4*、*Sox2*、*Nanog*、*Lin28*，後兩個跟山中不一樣），成功改編成胚胎幹細胞。同一個月的月底，山中的團隊又發表只用三個基因，不用 *c-Myc* 基因，也可以把成體細胞誘導成胚胎幹細胞。這種人工誘導的幹細胞分裂比較慢，但是由這種細胞發育的小鼠組織變成癌細胞的機會大幅下降。

2009 年《自然》揭載，中國中科院的團隊以山中伸彌的技術，誘導鼠胚纖維細胞成為多能幹細胞，並且培育出健康活潑的小鼠。這個實驗證實山中方法誘導出來的幹細胞，是可以形成胚胎的多能幹細胞。中國的科學家給這第一隻用人工誘導的幹細胞製造出來的小鼠一個可愛的名字，叫做小小（Tiny）。她們複製了一窩這種小鼠，這些小鼠經過交配繁殖了第二代，第二代又繁殖了第三代。2010 年，她們又發表利用成鼠尾巴尖尖的纖維細胞經基因改編的幹細胞，製造了健康活鼠。現在這個團隊不管用的是胚胎的纖維細胞、神經幹細胞，或是分化到最終端的尾巴尖尖纖維細胞，都可以用山中因子四個基因改編成多能幹細胞。

在誘導多能幹細胞成為最熱門的生命科學新技術之後，各路科學家嘗試了許多修改的辦法。包括把原來使用的反轉錄病毒載體改成腺病毒載體，或使用質體攜帶轉基因，或使用非病毒載體，這樣做的目的是讓植入的基因不要嵌入細胞基因體，以免破壞細胞基因體產生嵌入性癌變。還有一個辦法直接利用山中因子四個基因的蛋白質產物，而不使用轉基因，也能讓已經分化的表皮細胞轉變成多能幹細胞。如果這些修改的辦法能夠在實驗室培

養出活生生的實驗動物，證實牠們產生癌變或是其他先天異常的機會明顯低於山中原來的辦法，就可以解決轉基因嵌入細胞基因體衍生的種種疑慮。

讓已分化的成熟細胞轉變成胚胎幹細胞的發現真是太神奇了，簡直就像讓一棵大樹一片葉子的一個細胞轉變成一顆種子一樣。以往為了量身訂做適用於某一個人的幹細胞，必須用這個人的細胞核，設法取來卵子，製作核轉移的細胞，讓它發育成囊胚，再取用其中的幹細胞。但是到底有沒有這樣製作成功的人類幹細胞還很難講；就算有，也因為必須破壞囊胚而有極大的倫理的爭議；取得卵子的行為也十分令人詬病。為了醫療的目的，操作 DNA 讓成熟細胞轉變為幹細胞的做法，幾乎不會有這些爭議。

美國史丹佛大學的科學家從山中的研究得到靈感，既然可以導入基因讓成熟細胞轉變成多能幹細胞，也許也可以用一樣的方法製造我們需要的細胞。史丹佛的幹細胞生物學與再生醫學研究所，於 2010 年的《自然》發表一個研究成果，他們利用三個基因，讓小鼠皮膚細胞轉變成神經細胞。這種基因誘導的神經細胞具備神經細胞所有的功能，包括連結以及傳導信息給其他神經細胞，這些是使用神經細胞治療帕金森症或脊髓損傷必備的功能。史丹佛的操作只要一個禮拜，就可以在實驗室的細胞培養皿裡讓 20% 的皮膚細胞轉變成神經細胞，而山中的方法則要好幾個禮拜，才能讓培養皿內 1 ～ 2% 的皮膚細胞轉變成多能幹細胞。如果說山中的方法是技術上的突破，逆轉了細胞分化的方向，史丹佛的發現可以說是一種觀念的突破，不讓已分化的細胞走回頭路

再重新分化,而是直接從一個分化的枝幹跳躍到另一個枝幹,轉換細胞扮演的角色。這一來,所有關於胚胎幹細胞必須破壞胚胎的指責一掃而空,也不會有生殖複製的質疑,是很值得期待的新發展。

　　科學家在實驗室以 DNA 誘導的幹細胞製造複製動物的成果,令人刮目相看。幹細胞科學自然產生的兩條路線,一條是治療性複製,引導幹細胞分化成所需要的細胞種類,是艱深的科學;另一條是生殖複製,複製出一個新個體。這兩條路線的形影不離,往往讓人憂心實驗室會不會製造出科學怪人。在複製動物帶來興奮之餘,我更期待幹細胞科學能往治療性複製的目標開花結果。

9

人類基因療法的經驗

　　細胞是構成生物體的基本單位，也是生命現象的執行者。基因改變造成細胞改變，是許多疾病發生的原因。針對疾病的原因，植入一段功能完好的基因到細胞內，讓它在細胞內執行任務，以預防或治療疾病的方法，就是基因療法。基因療法最大的瓶頸在於要如何把基因送達特定細胞內的特定位置。只要突破這個技術瓶頸，就可以解決許多目前醫學所無法解決的人類健康問題，讓許多疾病得到有效的治療。

　　基因療法是基因科學發展的終極目標之一。從 1990 年到現在，各國已經進行了 1 千個以上實驗性的基因療法，超過 3 千人接受過基因治療。但是迄今還沒有一種基因療法普遍獲准臨床應用。

一、第一個成功案例

第一個著名的人類基因療法早在 1990 年就進行了。當時美國國家衛生院安德森領導的治療團隊首開風氣，為一位罹患「腺苷脫氨酶缺乏症」的 4 歲女童狄席娃做基因治療。傳統治療方式是定期注射腺苷脫氨酶（藥名叫 PEG-ADA），但是注射量越來越大，效果卻越來越差。

安德森從病患抽血取得淋巴球，培養到一定數量後，以攜帶腺苷脫氨酶基因的反轉錄病毒載體感染這些細胞，再注回患者體內。結果證明這樣治療是安全的，而且注入的細胞也確實製造了指定的酶，可是這些細胞分裂之後又失去製造酶的能力了。

從那時候到現在，狄席娃接受基因療法的次數超過 6 次。她是人類第一位基因治療成功的病例。

安德森團隊於 1993 年再次為罹患同一種病的新生兒做基因療法，這次用的是臍帶血，把經過轉基因的臍帶血輸入嬰兒。只需一次基因療法，分裂產生的新白血球細胞仍然可以表現腺苷脫氨酶基因。

長期看來，以反轉錄病毒攜帶腺苷脫氨酶基因所做的基因療法對免疫力的改善仍然很有限。原因可能是轉基因很少正確進入 T 細胞的正確位置，或是植入成功的細胞沒有大量生長，也可能質體製作過程所需的抗藥基因引來免疫系統反應，殲滅了表現這個基因的細胞。

重度複合性免疫不全症候群

　　重度複合性免疫不全症候群是一種遺傳絕症，罹病者體內兩種最主要的免疫細胞——T 淋巴球及 B 淋巴球——都出問題。造成免疫不全的原因有許多，如 20 號染色體上的腺苷脫氨酶基因（ADA）壞了的患者，細胞無法分解腺苷，累積的腺苷產生細胞毒性，讓 T 淋巴球嚴重缺乏，終究造成免疫不全，患者容易死於感染症。

　　還有一種致命的 X 染色體遺傳重度複合性免疫不全症候群（X-SCID，見下圖），問題在於 X 染色體一個基因（IL2RG）損壞，細胞無法製造共同的伽瑪鏈（γc）。共同的伽瑪鏈蛋白是介白質等許多種細胞激素受體的共同構造，更是 T 淋巴球和自然殺手細胞等免疫系統分化與成熟的過程不可或缺的成分。缺乏它，血中會完全沒有成熟的 T 淋巴球及自然殺手細胞，而且 B 淋巴球也無法製造足夠的抗體。大部分患者在滿週歲以前就死於感染，除非做造血幹細胞移植或基因治療，否則沒有活超過兩年的。就算幹細胞移植成功，仍然需要終身補充免疫球蛋白。這些缺乏免疫系統的小男孩為了怕感染，必須住在無菌室裡面，偶爾離開無菌室，也要戴上像太空人使用的透明頭盔，因此有人稱這些病童「泡泡男孩」。

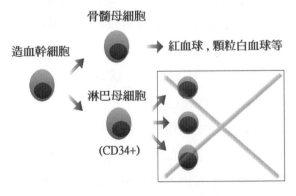

X-SCID無法製造正常的免疫細胞，是致命的遺傳疾病

二、腺病毒載體引發免疫風暴

第二個基因療法的案例發生於 1999 年 9 月，當時 18 歲的美國青年傑西，在接受以腺病毒為載體的基因療法後第四天過世了。傑西原本罹患的是 X 染色體的 OTC 缺乏症（中文更難懂，叫做鳥氨酸的氨基甲醯轉移酶缺乏症），自願參加賓州大學威爾森領導的基因療法人體實驗，將 38 兆個腺病毒載體注入體內，期望正常的 OTC 基因能進入肝細胞，發揮應有的功能。

這個研究的前 17 個受試者都沒事，不過他們接受的劑量沒那麼高。傑西在注入病毒載體後幾個小時就開始發燒，超過 40℃，隨即陷入昏迷，最後死於急性呼吸窘迫及肝腎等多器官衰竭。直接死因顯然是對大量的腺病毒載體產生全面性的免疫反應，導致器官衰竭。

事發之後引起社會嘩然。在衛生署的聽證會上，食品藥物管理局指控研究小組沒有將之前兩名患者臨床試驗造成的肝臟受損情形上報，一旦出現這種併發症實驗就應該停止。而且在試驗進行當天，傑西血中的氨濃度已經太高，不適合做臨床試驗。此外，賓大沒有及時報告 11 隻猴子的試驗結果，其中 2 隻在接受與傑西一樣的載體劑量後死亡。

賓大研究小組則表示，他們是依據經過授權同意的治療計畫行事。賓大還駁斥，猴子死亡的數目是 1 隻，不是 2 隻，而且牠接受的劑量是傑西的十七倍。傑西的父親指控威爾森根本沒有確實告知實際的危險性，他們接受到的信息是「這是一個安全的實

OTC（鳥氨酸的氨基甲醯轉移酶）缺乏症

人體的蛋白質含大量的氮，氮經過初步代謝成氨，氨經過尿素循環代謝成尿素後排出體外。完成一個尿素循環牽涉到六個酶，其中 OTC 缺乏是造成尿素循環出問題的主要原因，血中氨濃度異常升高的人必須考慮這個可能。

OTC 基因位於 X 染色體。男性如果有這個疾病，可能在新生兒期開始喝奶後就出現嗜睡、肌肉無力、沒食慾、呼吸異常、抽筋、昏迷等症狀。這時如果沒有正確診斷治療，可能會造成腦部永久的傷害或死亡。據估計，嬰兒猝死症有 20% 是由於尿素循環異常造成的。有的人 OTC 雖然缺乏，還是有部分作用，這時症狀會比較晚發。傑西雖然症狀不輕，血氨濃度經常太高，常常疲憊昏睡得無法起床，仍然算是輕症患者。如果是重症，新生兒期就很難度過了。就算早期診斷，並且嚴格遵從治療計畫，也很少活過五歲。輕症患者病情可以很輕，全看基因的版本而定。嚴格限制輕症患者蛋白攝取量，配合藥物治療有不錯的療效。

有的 OTC 基因雖然活性不足，但是只要身體一般狀況維持平衡，不一定會有症狀。此外雖然女性有兩個 X 染色體，但是女性也有這個病，只是症狀通常很輕微，譬如在吃了大量蛋白質食物後才會出現頭痛的症狀。台大醫院曾發表一個女性案例，61 歲才初次診斷。

驗，實驗的結果將對醫學發展貢獻良多」。媒體更爆料威爾森是載體製作公司（Genovo）的大股東，擁有 30% 的股權，基於利益迴避的原則，他根本不適合做這個試驗。

傑西事件怎麼收場呢？最後賓大與家屬達成和解，威爾森則被處以不得再進行任何基因療法實驗的判決，這等於判了他學術生涯的死刑。傑西事件後，以腺病毒為載體的主流作法遭到嚴重

的質疑。甚至所有的基因療法都受到波及,例如伊斯納以裸露的DNA施行的療法也收到實驗暫停的命令。

三、非病毒載體的經驗

第三個經驗,使用的是非病毒載體。腫瘤長到大約一粒米大小後,就需要有專用的血管來供應養分才能繼續生長。所以腫瘤具有血管新生作用。從 1970 年開始,佛克曼證實血管新生的啟動者是腫瘤細胞,如果能抑制腫瘤細胞的血管新生作用,就可以控制腫瘤生長。只是這是一條漫漫長路,佛克曼的血管內皮生長素(VEGF)拮抗劑臨床實驗還沒成功,卻啟發了伊斯納的靈感。

伊斯納是一名心臟科醫生,他的想法是「腫瘤專家想要抑制血管新生,但是我們恰好相反,我們要促進血管新生,治療血管阻塞疾病」。在找不到有能力製作載體的生技公司奧援的情況之下,伊斯納轉而嘗試使用裸露質體,把幾百萬個包含血管內皮生長素基因的質體直接注入缺血的組織。這個方法對遺傳性疾病沒有幫助,但是對局部的血管疾病很適合,因為藉裸露質體植入的基因只能短暫表現,但是只要這個基因能夠表現 2 ～ 4 週,血管長出來就夠了。畢竟我們要的是血管,不是基因。

伊斯納用這個方法治療末期的缺血性心臟病和肢端阻塞性動脈炎,都得到確實的效果。1998 年發表心絞痛患者的治療成果:實驗對象是 5 個接受過冠狀動脈移植加上現有的內科治療,但心

腺病毒的履歷

早在 1950 年代美軍新兵的腺病毒感染就是中斷訓練的主要原因。當時訓練中心的新兵 80% 遭腺病毒感染，20% 需要住院治療。因急性呼吸症（需依賴氧氣供給）而住院的軍人當中，有六成以上病因是腺病毒第 4 及第 7 型。更早之前的二次大戰期間，急性呼吸症就常見於軍中，只是那時候還不知道有腺病毒這種東西。1953 年科學家嘗試培養扁桃腺後面腺樣體的細胞，才發現這個病毒。

1971 年開始，針對腺病毒第 4 及第 7 型的疫苗成為入伍常規投予，新兵爆發的流行才獲得控制。這是一種活病毒疫苗，包裝成腸溶錠口服，一粒一美元，吃下去的腺病毒經腸道誘發白血球產生抗體，是安全又有效的疫苗。但是 1995 年起，唯一生產腺病毒疫苗的惠氏公司，由於申請不到國防部 500 萬美元的補助而停產，到了 1999 年庫存疫苗用完了，美軍也完全停止使用疫苗。自從停止常規給予腺病毒疫苗以後，訓練中心 12% 的新兵因腺病毒致病，也造成一些死亡。此外有些以前服用過疫苗的年輕人又被腺病毒第 4 或第 7 型感染致病，專家懷疑是不是有突變株在人口中流傳。近年軍中的流行病學調查發現，除了第 4、第 7 型之外，新訓人員也有不少第 3 及第 21 型的感染。這些情形促使美國國防部花 3540 萬美元請生技公司（Barr Lab）重新研發疫苗，新疫苗在 2008 年就送到食品藥物管理局審核，但至今還沒通過。

腺病毒專門喜歡找入伍的新兵，老兵就少有這個問題；與入伍新兵同齡的大學住宿生也沒有腺病毒流行的問題。一般認為，新兵的腺病毒流行應該是由於過度勞累與過度擁擠造成的。

軍中腺病毒流行經呼吸道傳播，主要症狀是疲憊、發燒、咳嗽、頭痛、喉嚨痛、嘔吐、腹痛、有時候皮膚會出現紅斑。通常四天以後燒就退了，病程很短。腺病毒造成的急性呼吸症通常不嚴重，但是若造成間質肺炎或是併發細菌感染則可能死亡。流行期在秋末到整個冬季，其他季節也有小流行。目前沒有特殊的抗腺病毒藥物，治療以支持與症狀解

除為主。

　　最近科學家發現腺病毒第 36 型透過飛沫傳染進入人體細胞後，會增加食慾，造成肥胖。希望這是少見而非普遍的情形，否則以後重視身材的人恐怕上街都要戴上口罩了。

　　腺病毒的基因體可以進入人類細胞核，而且複製效力極高，所以很適合用來當載體。病毒本身有雙股 DNA，可以提供 8 千個核苷酸的空間供轉基因棲身。經由腺病毒載體植入的基因是游離基因，不會嵌入細胞的基因體，因此在細胞分裂時沒辦法跟著複製，轉基因只能表現幾週，適用於僅需暫時表現的情況。

　　腺病毒載體最大的缺點是發炎反應。通常用來當載體的是第 2 型和第 5 型，如果患者之前曾經被同型腺病毒感染過，免疫細胞將留存記憶，注入病毒載體時，免疫細胞再次遭遇同型病毒，會發生嚴重的發炎反應，甚至發生猛爆性肝炎、多重器官衰竭、或死亡。如姬盜符讓信陵君拿去指揮軍隊，軍士被騙過幾次以後，豈有不識破的道理？

臟功能仍然很差的男性患者。怎麼把基因送達心臟呢？首先在胸口開一個小洞，用細針把帶有血管內皮生長素基因的質體注入心肌內，患者在 4 天後可以出院。經過治療的人在之後 10～30 天之間開始感覺到明顯的進步，所有患者本來的症狀都屬於最嚴重的第四級，連個人衛生都要人扶持才能完成；經過治療，兩個人進步到第一級，可以游泳，三個人進步到第二級，爬樓梯沒問題。每週硝化甘油舌下含片的平均使用量，從治療前的 54 顆降到治療後的 10 顆。血管攝影可以看到冠狀動脈及側枝新血管供應血流給缺血的心肌。

　　除了運用裸露質體進行基因療法，伊斯納還有另一個成就，

就是在成人骨髓內發現負責血管新生的血管幹細胞，以往生物學家認定這種細胞應該胚胎期才有。伊斯納證實，在身體組織發生缺血時，血管幹細胞會移行到缺血的部位，建立新血管，改善循環。他斷言：「以後治療血管阻塞疾病的前景，在於結合基因療法及血管幹細胞療法。」

伊斯納也成立了一家生技公司配合研發他的研究。公司成立之後兩年，發生傑西事件，伊斯納發現自己陷入研究、法規及利益迴避三股力量交錯而成的漩渦裡頭。加上食品藥物管理局全面審查所有的基因療法臨床試驗，他的研究被暫停了。2000 年底食品藥物管理局才又重新准許他的基因療法研究。2001 年，就在籌足了 1100 萬美元的研究經費時，53 歲的伊斯納卻突然死於心肌梗塞。

四、轉基因如何造成癌症？

第四個人體試驗經驗初期的成功也令醫學界振奮，後來的發展卻出人意表。以法國的費雪等為首的法英義跨國研究小組，率先在 2000 年和 2002 年發表基因治療 X 染色體遺傳重度複合性免疫不全症候群成功的論文，這無疑是醫學史的一大突破。

治療團隊先從患者骨髓抽出淋巴球母細胞（CD34+），加入含有正常基因（*IL2RG*）的反轉錄病毒載體，一起培養 3 天，目的是轉基因和讓細胞增殖 5 ～ 8 倍，之後再將細胞注回患者體

內。這種體外療法的好處是可以確保轉基因進入正確的細胞，壞處則是只能在有細胞培養設備為後盾的醫院進行治療。醫療小組先後治療了 10 個病童，結果令人非常振奮，10 人當中，9 人治療成功，在基因治療之後 2 ～ 4 個月長出 T 淋巴球，而且濃度高達每立方毫米 2 千～ 8 千個；比起幹細胞移植要 4 ～ 6 個月才會長出 T 淋巴球，而且濃度很少超過兩千，基因療法效果好多了。再者，基因治療後免疫球蛋白血中濃度也升高到不必注射補充的程度，幹細胞移植則需要經常靜脈注射補充。另外，基因療法不像幹細胞移植會引發宿主排斥反應，這一點也很重要，因為移植引起的排斥反應需要服用免疫抑制劑來控制，有時會造成嚴重感染。基因治療沒有成功那一位小男孩，後來再度接受部分相容的幹細胞移植，也成功長出 T 細胞。

治療成功的小朋友原本已經脫離疾病的糾纏，健康快樂的成長。但是到了 2002 年 8 月，其中一個小孩，四號，1 個月大時就實行基因療法，30 個月出現淋巴球過多，每立方毫米 30 萬個（正常值只有幾千個），並且有第 6 及 13 號染色體轉位。這些白血病細胞都有伽瑪鏈，所以是基轉 T 淋巴球。檢查這些 T 淋巴球的基因體，發現轉基因落在第 11 號染色體一個原致癌基因（LMO-2）的基因座內。這時研究人員開始給予化療，異常細胞的數量隨即降下來。但是後來復發了，化療及骨髓移植都沒辦法消滅癌細胞，四號在滿五週歲時死亡。

四號小孩年齡最小，他接受的治療劑量是每公斤體重 1700 萬個基因工程細胞。僅次於五號的 2000 萬，超過二號及三號的

500 萬，與一號相近。

　　其他三名 T 淋巴球白血病的兒童，五號 3 個月行基因療法，34 個月出現白血病。七號 11 個月行基因療法，68 個月出現白血病。十號 8 個月行基因療法，33 個月出現白血病。這三個小朋友經過化療完全緩解，順利活了下來。

　　這些小朋友出現白血病的直接原因是嵌入性變異作用，也就是嵌入的基因（*IL2RG*）恰好落在原致癌基因上（*LMO2*、*CCND2*，*BMI1* 等），改變了後者的表現（圖 9-1）。

　　2002 年底前兩個白血病案例出現後，世界各國立即中止所有類似的臨床試驗。但是經過科學界審慎的評估，不久就恢復試驗了。美國在 2003 年 2 月由隸屬食品藥物管理局的生物評審會通過一個意見，他們主張往後重度免疫不全的基因療法，僅限於沒有其他治療辦法時才可以採用，而其他疾病的基因療法試驗不

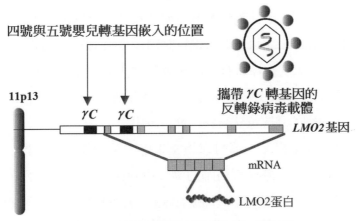

圖 9-1　四號與五號嬰兒轉基因嵌入的位置

反轉錄病毒載體

反轉錄病毒除了有反轉錄酶，可以把病毒 RNA 反轉錄為互補 DNA
之外，還有嵌入酶，可以在細胞準備分裂時將互補 DNA 嵌入宿主
DNA。利用鼠白血病病毒當作載體，是臨床應用的第一個病毒載體，也
是應用最廣的載體。它可以承載長達 8 千個核苷酸的序列，大部分醫療
所需的轉基因不會超過這個長度。轉基因只有在細胞分裂的過程中才有
機會進入細胞核嵌入基因體，大約 72 小時後呈表現高峰，幾個星期、幾
個月或幾年後，轉基因的表現會逐漸消退。

還有一種反轉錄病毒叫慢病毒，貓或人的愛滋病毒皆屬此類。利用
慢病毒製作病毒載體，轉基因可以嵌入靜止不分裂的細胞基因體中，因
此可用於神經細胞等不再分裂的細胞的基因治療。但是由於愛滋病的疑
慮，萬一有可以複製的天然病毒夾雜在載體之中，進入人體後可能產生
可怕的後果，所以臨床試驗比較少。

在此限。德國跟美國一樣積極，在暫時停止試驗後，2003 年 2 月
就恢復試驗了。英法義怎麼處理呢？英國決定基因療法必須個案
通過政府許可，才可以繼續進行試驗，實際上試驗的腳步不曾一
日暫歇。義大利暫停所有反轉錄病毒的研究。法國則到 2004 年 5
月才又開放臨床試驗。不過隨著第三個白血病案例出現（2005 年
1 月），法國的基因療法實驗再度暫時中止。

2008 年 9 月，一篇醫學論文報告了英國倫敦一家醫院也遭
遇類似的情形。佘瑞修醫師的團隊用同樣的方法治療了 10 個重
度免疫不全的男孩，其中一個小男生，13 個月接受基因治療，24
個月出現淋巴球白血病。檢查他的癌細胞基因體，植入的基因也

恰好落在原致癌基因（*LMO2*）上游，讓原致癌基因過度表達。此外，有些基因沒有被轉基因嵌入基因座，卻也發生了一些突變，剛好促成白血球的增殖失控，因而形成血癌。

五、基因療法的難題

基因治療無疑是 DNA 科學發展的終極指標之一。現代醫學的成就主要在於對疾病有更進一步的瞭解，而治療方面的進展其實是緩慢而且十分艱辛的。DNA 序列解讀之後，極可能開啟新的治療觀念，創造完全不同於以往的療法跟療效。只是這方面的突破，顯然也是困難重重。

最大的挑戰有兩個：一個是心理方面對新事物的排斥，包括醫生、患者、媒體、消費者，和手握編列預算大權的人在內，許多人直覺認定 DNA 科學是上帝的特權，誰想藉 DNA 科學改善人類的處境，誰就冒犯了人類應當謙卑的教誨，這些人還自信滿滿地推論 DNA 科學終究會造成不可收拾的災難。達爾文說：「自信常源於無知，而非博識。」破除無知的方法，就是教育、學習，及傳播正確的知識。所有接受過科學訓練的人，在做評論甚至下結論之前，都應該謙卑地對科學的新進展有相當的認識。

另一個挑戰則在於技術上的困難：怎麼讓正確的基因到達體內特定細胞的特定位置？怎麼控制轉基因的表現？怎麼克服人體對載體的免疫反應？這些技術難題一日不解決，人類就一日無法

 嵌入的基因跟被嵌入的基因恰好都是原致癌基因

血癌急性淋巴細胞白血病，癌細胞的一種血球生成素基因（*LMO-2*）會過度表達。此基因在白血球幹細胞分化的早期用得到，缺乏這個基因的老鼠無法製造正常白血球，但是正常的成熟白血球則不表達此一基因，這是一種原致癌基因。

人類基因體大約有一百個原致癌基因。轉基因會造成與落點距離 10萬個核苷酸範圍內的基因表現異常，有人甚至估計，利用反轉錄病毒載體做出來的轉基因細胞，每一萬個細胞就有一個可能致癌。而基因治療輸入的量千百倍於此。這樣說來，是不是以反轉錄病毒為載體的基因療法都會致癌呢？

美國國家癌症研究所的戴弗在 2004 年的《科學》發表一個新見解：從「反轉錄病毒讓小鼠致癌的癌症基因資料庫」看來，與血癌相關的3000 個反轉錄病毒嵌入位置當中，有兩個在 *LMO2* 基因座，也有兩個在 *IL2RG* 基因座。這個現象代表的意思是什麼呢？除了 *LMO2* 基因是原致癌基因，*IL2RG* 基因也是。所以 *IL2RG* 基因落戶 *LMO2* 基因座這個動作就代表了形成癌症的兩個步驟。換句話說，如果植入的基因不是「原致癌基因」，那麼嵌入性癌變的機會將大為降低，只是多低，目前還沒辦法知道。因此對 X 染色體遺傳重度複合性免疫不全症候以外的遺傳疾病患者而言，如果反轉錄病毒載體的基因療法是最好的選擇之一的話，戴弗的發現是一個重要的好消息。

放心利用基因療法。

例如，血友病是極受矚目的基因療法的對象，這是因為凝血因子的產量即使只有正常人的一成，也能讓病情顯著改善。缺乏第 8 因子及缺乏第 9 因子的血友病都有基因療法達成長期表現的成果，只是距離臨床使用還要克服一些疑慮，無非就是載體誘發

的嚴重免疫反應和嵌入性癌變的問題。此外，重複使用之後載體
可能被免疫系統中和而失效；要如何保持療效，也是基因療法能
不能普遍使用的關鍵之一。

　　基因療法的成果不僅侷限於先天疾病，難以治癒的傳染病
的基因療法也很受重視。例如植入一種抗病毒的基因給被愛滋病
毒感染的人，可以降低體內病毒含量。如果用反轉錄病毒當作載
體，則這種抗病毒的效果可達 6 個月，是延長病患生命的好方
法。除了難治的傳染病，心血管疾病、許多常見疾病都有可能因
為基因療法得到突破性的治療，我們每一個人都可能從中受惠。

　　癌症的基因療法是燙手的研究題目，主要是因為目前癌症治
療的成績還沒令人滿意，但是這幾年以 DNA 觀點對癌症進行的
探索，實在開啟了太多可能的治療門路。比方利用基因療法增強
癌細胞呈現抗原的機制，讓白血球有辦法辨認癌細胞，進而攻擊
癌細胞，這種治療只需一時的表現就可以造成長期的效果，因為
白血球可以長久記憶它認識過的抗原。或比方植入抑癌基因（$p53$
或 Rb），取代癌細胞基因的缺陷，但是這種想法目前還沒有令人
振奮的實驗成果。

　　又比方有的研究則利用癌細胞抑癌基因的缺陷，設計攻擊的
策略：有一種基因工程病毒（ONYX-O15，Onyx 藥廠），只能在
抑癌基因有缺陷的細胞繁殖，因而造成細胞爆破。由於大部分癌
細胞有抑癌基因缺陷，理論上利用這個特性可以達到殺死癌細胞
而不侵犯正常細胞的目的，可是臨床使用的效果令人失望，原開
發藥廠決定中止研究，並且出售專利給上海一家公司，2005 年通

過中國食品藥物監管局認證，叫做 H101，可併用於末期頭頸部癌症的治療。

　　也許所有基因療法的嘗試已經遇到了初步的瓶頸，這個瓶頸是什麼？拿第一章基因體是一套故事書的例子做比喻，如果其中有一個故事是錯誤的版本（例如有嚴重的缺漏），最好的辦法當然是把缺漏的段落補上去。但是基因療法的補法是把缺漏的部分插入這部故事書的任意地方，或是附在外面沒有插入這一套書裡頭，這種作法可能會破壞其他故事的完整性，或是讓其他的故事過度突出，就像書籤的作用一般。

　　重度免疫不全的基因療法在大眾的質疑下進展趨緩，但是對病患及親人而言，這幾乎是無可取代的治療。就算幸運找到組織相容的捐髓者，移植的時機必須選擇病患難得的健康空檔，這對家長來講是殘忍又冒險的抉擇。更何況，有許多病童根本沒有組織相容的捐贈者。基因療法可以在身體一般狀況不是很好的時候實施，比較不會讓家長難以決定。而且更重要的，這種致命的遺傳疾病如果能夠做基因療法，可以省去很多醫學倫理的爭辯和困難重重的抉擇。例如有些案例，就是病患的父母趕快再生一個組織相容的弟妹來捐髓，只是這種作法經得起倫理的檢視嗎？

　　基因療法的經驗是發展 DNA 時代的醫學最珍貴的參考資料。面對這麼高的癌變機率與這麼好的療效的嚴重衝突，醫界、患者及家屬、輿論界、法學界、科技業界各有看法。以生技業者而言，居領先地位的馬里蘭基療公司關閉了基因治療的投資，加州細胞基因系公司也改變對於反轉錄病毒載體的研究，這樣的結

果應該怎麼看待？研究小組有躁進嗎？理論上嵌入性癌變是可能發生的，也一直是研究者心裡頭的陰影，但是 2002 年之前不曾有任何實驗室出現實驗動物的嵌入性癌變，第一次就在人體出現。就這個疾病而言，只有組織相容的幹細胞移植和基因療法才是比較根本的治療，否則在兩歲以前就結束生命了。幹細胞配對成功要靠機會，而且移植伴隨的化療是痛苦與危險的過程。患者家長能怎麼抉擇？他們還可以選擇基因療法嗎？

華生說：「一般人對生命有種神祕的幻想，其實生命是很可以讓我們理解的。如果你不是科學家的話，可能不大容易瞭解生命都是由分子所組成，以及分子如何一路往上，最終產生人類的意識以及一切的複雜。」（《科學人》，2003 年 4 月。）我們身處基因療法就要成真的時代，我們之中有些人將有機會成為第一批基因療法的直接受惠者，就像我們之間大部分的人曾經是基因重組技術產物（如 B 肝疫苗、胰島素、凝血因子）的受惠者一樣。難道我們不應該敞開心胸、放寬視野，深入瞭解基因療法的經驗究竟給了我們什麼教訓嗎？

關心科技發展的醫療人員目前能做的，要努力深耕 DNA 科學，深入瞭解人體正常運作的細節，才能改進治療疾病的方法。此外，一定要尊重醫療傳統「充分告知」的教訓，讓患者充分瞭解醫療的理論、過程和過去的成效，這是研究者誠實面對問題的保障，也是醫療倫理最基本的精神。

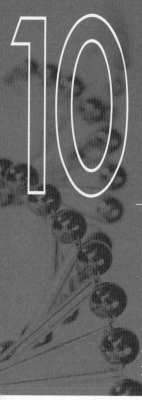

10

生命之書可以改寫嗎？
——CRISPR新進展

2019 年 5 月 4 日，太空 X 公司的獵鷹 9 號火箭運送了天龍號太空船到國際太空站，攜帶的物資當中有一組 CRISPR 基因編輯工具和酵母菌。由於宇宙射線會危害太空人健康，研究人員要利用 CRISPR 分子剪刀仿造宇宙射線對 DNA 的傷害，在指定位置剪斷酵母菌 DNA，看低重力環境下酵母菌如何修復。

2019 年 6 月，倫敦大學和愛丁堡大學羅斯林研究所的科學家們利用 CRISPR 分子剪刀，破壞雞的一個基因（*ANP32A*）。由於禽流感病毒進入雞的細胞後，要依賴這個屬於宿主的基因幫助自己複製，培養皿中基因被破壞的雞細胞果然抵抗了流感病毒。

2019 年 9 月，《新英格蘭醫學期刊》刊登一篇中國醫生利用 CRISPR 技術修改過的異體造血細胞移植的文章，接受治療

的是一名 27 歲罹患愛滋病加上白血病的中國男性。跟以往骨髓移植不同的是，這次捐贈的造血細胞經過 CRISPR 編輯，敲除了 *CCR5* 基因，希望可以一併解決白血病和愛滋病的問題。文章發表的時候，患者沒有因為接受基因編輯造血細胞併發其他問題，他的白血病得到緩解，但編輯過的白血球數量不足以消除愛滋病的病毒。

2019 年 11 月，美國賓州大學從 3 個癌症患者抽取免疫細胞，利用 CRISPR 改造基因，強化他們攻擊癌細胞的能力，再回輸給患者。

以上這些實驗性做法的效果都還在觀察中。但是我們驚訝地從這些案例發現，從來被視為生命之書的基因體，不再是無法修改的了。原因就是科學家有了一部編輯基因的機器——CRISPR。

一、CRISPR 發現的故事

從細心的科學家一開始看到沒有核的單細胞生物，包括古菌和細菌，DNA 當中有不尋常的構造，到今天可以利用這些構造暗藏的基因，改造生物基因體，應用於農作物、畜產、人類疾病的診斷與治療。CRISPR 是累積好幾個國家的研究人員不馬虎的觀察，加上追根究底的探索，才解開的只存在原始生命卻能應用於各個物種的秘密。

細菌和古菌有成簇規律間隔的重複序列

西班牙東南方地中海沿岸有一段著名的白色海岸，幾百年來一直吸引來自各國的觀光客、佛拉明哥舞者和鹽商。白色海岸中段有一個人口約兩萬的海港城聖波拉，莫伊卡的家鄉就在海港附近。1989年莫伊卡在距離聖波拉不到十公里的阿利坎特大學攻讀博士，同時參加了一個實驗室的嗜鹽菌研究。這是一種對鹽有極大耐受性，從聖波拉海邊沼澤取得的古菌。之前這個研究室發現嗜鹽古菌在鹽的濃度不一樣的培養基生長時，菌的基因體被限制酶切斷的方式就會不一樣。莫伊卡的工作就是要釐清這些古菌的切斷點怎麼變化。

莫伊卡檢視第一個DNA斷片的時候，發現一種奇異的結構，就是有一種大約30個鹼基的序列會重複出現，而且在兩個重複（R）之間有一段大約36個鹼基的間隔（S），這些間隔是獨一無二的。簡言之大約就是 --R-S1-R-S2-R-S3-R-- 這樣的構造。發現這種構造是1993年的事，28歲的研究生莫伊卡從此一頭栽進重複序列的研究。

不久，莫伊卡又發現其他幾種嗜鹽古菌的基因體也有這種構造。他還找到文獻，1987年日本大阪大學的石野，曾經複製一段大腸菌的DNA，發現具有神秘的短串重複構造。石野注意到這種重複有迴文序列，而且集結成串，跟以往所知短串重複散佈於基因體的情況不一樣。由於大腸菌跟古菌的關係很遠，莫伊卡斷定這種構造一定具有重要的功能，才會在演化的路途上保留下來。1995年，莫伊卡發表古菌具有短串重複序列的構造，之

後就動身前往哈佛做博士後短期研究。莫伊卡等到阿利坎特大學有教職缺即回去就職，但是實驗室設備不足及經費短缺，於是轉向生物資訊學領域，繼續探究細菌和古菌具備的這種重複構造到底有什麼功能。那時他給這種重複構造命名為 SRSRs（規律間隔短串重複）。後來這種特殊構造在他和研究團隊的共識下有了今天非常好唸而且不會混淆的名稱 CRISPR（成簇規律間隔短串迴文重複序列，clustered regularly interspaced short palindromic repeats）。成簇是指重複序列集中出現，迴文是指 DNA 一股正讀和另一股反著讀恰好互補。

　　舉一段大腸菌的 DNA 為例：加框部分代表重複序列 28 個字母，其中 TGCC 和 GGCA（反著讀是 ACGG）是迴文，最後一個重複有幾個字母不一樣。兩個重複之間間隔 32 個字母，每個間隔都是獨特的序列。

>Escherichia coli UTI89|8865381887045

GTTCACTGCCGTACAGGCAGCTTAGAAA TGACGCCATATGCAGATCATTGAGGCGAA
ACC GTTCACTGCCGTACAGGCAGCTTAGAAA ACGTTCGCACCGGTCAGGGTACTGCG
CAGCGT GTTCACTGCCGTACAGGCAGCTTAGAAA GAAACCAGAGCGCCCGCATAAAA
CAGGCACAA GTTCACTGCCGTACAGGCAGCTTAGAAA GCCAGCATAAAACCGCCTTT
GATATTTTATTG GTTCACTGCCGTACAGGCAGCTTAGAAA TCAGCCGGAGGCTCTCA
ATTTCAGCCGCGCG GTTCACTGCCGTACAGGCAGCTTAGAAA AGCACGGCTGCGGG
GAATGGCTCAATCTCTGC GTTCACTGCCGTACAGGCAGCTTAGAAA TGATGGCGCAG

截至 2000 年，莫伊卡已經發現包括結核桿菌、困難梭狀桿菌、鼠疫桿菌等 20 種微生物的 CRISPR。之後的兩年間，其他地方為數不多的研究者發現了其他菌種的 CRISPR，也發現重複序列構造附近有一些基因，叫做 CRISPR 關聯基因（cas）。至於這些構造到底有什麼作用？當時注意到這個發現的人寥寥可數，投入研究的科學家更是屈指可數，CRISPR 仍是未解之謎。

秘密藏在間隔序列裡

時間過得很快，從 1995 年發表短串重複到下一篇重要論文，已經是 10 年後了。這其間雖然有幾個實驗室也投入 CRISPR 的研究，大家還是一頭霧水不知道那是什麼東西。2003 年秋天，莫伊卡改變想法，不再專注重複的部分，轉而試著看看間隔的序列是否有什麼奧秘。那時生物資訊學有一種新的生物序列比對工具 BLAST，可以比對日漸更新的資料庫裡面的各種生物序列。他輸入了大腸菌的 CRISPR 間隔序列，結果神奇的事情發生了：有一種間隔，跟時常感染大腸菌的嗜菌體 P1 序列一致。這種株系的大腸菌具有抵抗嗜菌體 P1 的能力。

這個發現讓莫伊卡在無盡的暗夜裡看到一盞明燈，他在一週之內比對了 4500 個間隔序列，就有 88 個可以找到類似的序列，其中三分之二是病毒或質體的 DNA。莫伊卡明白了，CRISPR 是細菌的後天免疫系統。

站在人類立場看，細菌造成許多疾病，是可怕的敵人。然而細菌跟我們也有共同的敵人，那就是病毒。病毒每兩天就消滅

全世界約半數的細菌，而且，病毒的數量遠多於細菌。面對這麼強大的敵人，細菌一定要有辦法對抗。什麼辦法？雖然生物科學已經這麼發達，回想起來，卻沒聽過什麼學說解釋細菌如何對抗病毒。直到石野、莫伊卡等科學家開始專注地研究，近幾年才知道，原來約半數的細菌和九成的古菌採用一種強有力的免疫機制，延續自己的族群，這個機制就是 CRISPR。

莫伊卡立即著手投稿給著名的期刊。投稿過程出人意料之外的不順利，包括《自然》期刊、《國科院學報》等都退稿。如今看來當時經手的編輯們一定十分扼腕吧。直到 2005 年 2 月，論文才在《分子演化》期刊與世人見面。

大約同一個時期，法國的遺傳學家弗涅，為公家機關建立分子生物研究所，並且留下來工作了 10 年。由於伊拉克戰爭爆發，美國揚言伊拉克疑似擁有生物武器，1997 年法國國防部要求弗涅跟巴黎南大（巴黎第十一大學）設立聯合實驗室，研究追蹤炭疽和鼠疫桿菌分子譜系的方法。

法國國防部取得 1964～66 年越戰期間越南流行黑死病的 61 株鼠疫桿菌給實驗室。弗涅跟實驗室的同仁發現，這些演化上相近的桿菌擁有大部分相同的串聯重複次數，唯一不同的串聯重複次數就發生在 CRISPR 基因座的間隔序列上。串聯重複次數是代代遺傳的特徵，要很多代才會因為突變產生變化，除非有一個構造經常從外界取得或交換一段 DNA。弗涅發現這些 CRISPR 間隔跟感染桿菌的嗜菌體基因片段相同，因此推測「細菌的 CRISPR 可能代表對遺傳侵略的記憶。」他們發表論文的過程也

很不順利，幾家主要期刊不予採用，直到 2005 年 3 月才刊行於
《微生物》期刊。

　　同時還有一位任職於法國農業研究院的俄國流亡微生物學
研究者博洛亭，他提出的假說認為 CRISPR 是一種免疫機構，
CRISPR 轉錄的 RNA 跟嗜菌體轉錄的 RNA 互補而達成破壞嗜菌
體病毒的致病力。如今我們知道免疫機構的說法是正確的，但免
疫機制則不正確。他的文章刊行於 2005 年 9 月。

　　2005 可以說是 CRISPR 成功綻放新星光芒的一年。

二、CRISPR 與細菌後天免疫

關聯蛋白cas9是一把分子剪刀

　　在史特拉斯堡大學攻讀博士學位的霍瓦特，專攻製作亞爾薩
斯酸菜必須用到的一種乳酸菌的遺傳研究。2000 年畢業後，他直
接到一家專門製造細菌發酵劑的食品公司（Rhodia Food）工作，
幫公司設立了第一個分子生物實驗室。這家法國公司後來被丹麥
的大公司收購，2001 年丹麥大公司又被更大的杜邦收購。

　　霍瓦特的任務是開發利用 DNA 精準辨識發酵菌的方法，以
及解決發酵菌培養過程時常遭受嗜菌體屠殺的問題。乳酪業常用
發酵菌包括保加利亞德式乳酸桿菌和嗜熱鏈球菌，它們都是乳酸
菌。有時候發酵菌被嗜菌體汙染，乳酸菌無法正常作用，乳酪業
者就要蒙受重大的損失了。這種情形不少見，業者估計一成以上

的乳源就是因為這個原因無法製造品質符合標準的乳酪製品。研究細菌自保的方法不但有科學探索的趣味，經濟上也有實質的幫助。

霍瓦特和食品公司研究室的夥伴巴蘭古，以及魁北克拉瓦大學的嗜菌體專家莫努，決定攜手探究 CRISPR 是細菌後天免疫機構這個假說的證據。他們先利用一株嗜熱鏈球菌和兩種嗜菌體一起培養，選出對嗜菌體具備抵抗力的細菌。結果很訝異地發現，這些存活下來的細菌在 CRISPR 基因座上，有從嗜菌體基因體拷貝過來的間隔序列；而且細菌擁有的間隔愈多，代表抵抗嗜菌體的能力愈高。這個發現刊登於 2007 年的《科學》期刊（圖 10-1）。

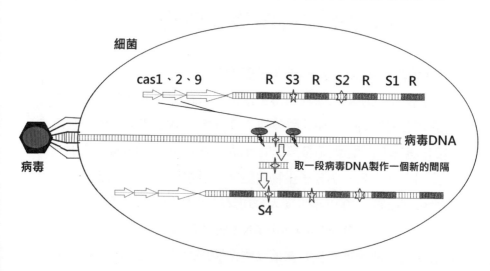

圖 10-1　細菌和古菌最大的天敵是病毒。為了對抗天敵，它們演化出一套免疫系統，可以擷取入侵者一段 DNA 放在自己的基因體裡，做為比對狙殺之用。圖中細菌 CRISPR 相關基因切一段 DNA 成為新的間隔，這是入侵者檔案，和 cas9 分子剪刀構成強力的後天免疫機構。

　　他們還研究了兩種 CRISPR 關聯基因產物，cas7 和 cas9。結果發現，細菌必須有 cas7 才能夠從病毒取得新的間隔和製造重複序列，而 cas9 則是用來切斷跟間隔序列一致的病毒 DNA。這些 cas 的功能形同分子剪刀。

　　嗜菌體入侵細菌之後，在細菌內部複製，複製的量非常大，常造成細菌死亡。少數存活的細菌截取了病毒基因體的許多片段，組合到自己的 CRISPR 基因座，成為新的間隔。以後再遭遇病毒感染，啟動 CRISPR 基因，間隔轉錄的 RNA 就可以引導分子剪刀（cas9，一種核酸酶）去檢查病毒 DNA，並切斷序列正確互補的病毒 DNA 雙螺旋，讓病毒無法複製（圖 10-2）。細菌行分裂生殖的時候，這些獲取的免疫機構會傳遞給下一代。

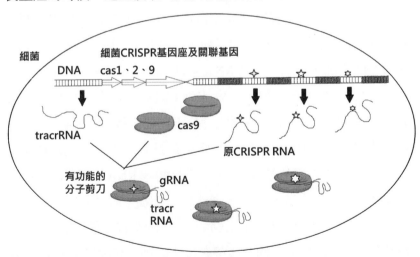

圖 10-2　從間隔轉錄的嚮導 RNA，基因外轉錄來的 tracrRNA，和 cas9 分子
　　　　剪刀，構成比對－結合－剪斷的免疫機器。雖然 tracrRNA 不具嚮
　　　　導功能，可是沒有它的話，從間隔轉錄來的 RNA 沒辦法裁切成嚮
　　　　導 RNA。

作為 CRISPR 的標的，病毒的策略是 DNA 突變。被鎖定的段落只要一個鹼基突變，就可以逃避 CRISPR 的追殺。

RNA讓分子剪刀找到正確的目標

從間隔轉錄的原 RNA 需要基因外的另一種 RNA 配合，才可以裁切成有作用的嚮導 RNA。亦即：

pro-crRNA + tracrRNA → gRNA

這是法國夏彭媞和德國傅格兩位專研 RNA 的科學家合作發現的。

由於 DNA 除了記錄合成蛋白質的指令，還有許多密碼要轉錄成 RNA，用來調節基因的活動。這些 RNA 不是信使，它們不是胺基酸密碼，稱為非編碼 RNA。

化膿性鏈球菌是很多人拿來做 CRISPR 研究的生物，夏彭媞和傅格決定以這種菌為標的，分析它的非編碼 RNA。結果發現：化膿性鏈球菌非編碼 RNA 當中數量最多的第一名是核醣體 RNA（合成蛋白質的機器），第二名是轉運 RNA（運送胺基酸給核醣體），驚人的是，第三名竟然是一種從 CRISPR 基因附近轉錄來的新奇的 RNA（tracrRNA）。這個 RNA 有一部分跟 CRISPR 轉錄的 RNA 互補，它們形成雙鏈後才能被裁切成嚮導 RNA，用來帶著分子剪刀（cas9）搜尋標的，是細菌對抗病毒不可或缺的一種分子（圖 10-3）。

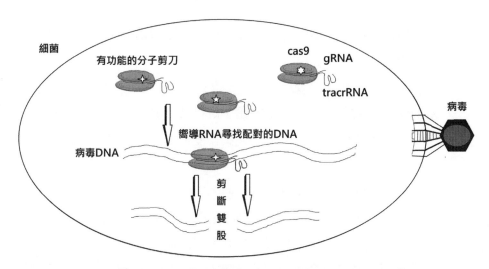

圖 10-3　病毒入侵，立即啟動 CRISPR 和相關基因，組成有功能的免疫機器。嚮導 RNA 負責比對入侵的 DNA 序列是不是吻合，分子剪刀有結合 DNA 和剪斷 DNA 的功能。破壞剪斷的功能，保留結合的功能，可以讓 cas9 做其他的應用。

給細菌打一支對抗病毒的預防針

從事極端菌研究的荷蘭科學家伍斯特取用一株大腸菌的 CRISPR 基因插入另一株缺乏這種基因的大腸菌。跟鏈球菌使用單一核酸酶 cas9 不同，大腸菌的 CRISPR 比較複雜，需要由一串 cas 蛋白（cas5、6、7 等）組成的構造抓住入侵的 DNA 做好前置作業，再由小機器剪裁建檔，或已有檔案的就由 cas3 執行分子剪刀剪斷雙股的任務。伍斯特團隊釐清了大腸菌 CRISPR 串接過程的生化特性，發現大腸菌 CRISPR 基因轉錄的原 RNA 經過修剪，最後製作出 61 個核苷酸的 RNA（crRNA），這個 RNA 有部

分跟病毒 DNA 互補，會導引分子剪刀 cas3 尋找並且剪斷互補的病毒核酸。

伍斯特團隊根據一種嗜菌體 DNA 序列，製作一段人造 CRISPR 基因，植入細菌基因體，細菌成功抵抗了這種嗜菌體。這種基於 CRISPR 製作的分子是第一支給細菌施打的預防針。

鏈球菌的分子剪刀可以在細菌體外操作

立陶宛科學家席克斯尼斯看到巴蘭古 2007 年發表在《科學》的文章，寫信跟作者求得那一株嗜熱鏈球菌。

嗜熱鏈球菌是乳酪業重要的發酵菌，但不是實驗室常用的細菌。席克斯尼斯和團隊決定轉移鏈球菌的 CRISPR 基因給實驗室常用的大腸菌，結果確認接受轉移的大腸菌產生了抵抗病毒的能力。他在受訪時說：「這是第一次證明了 CRISPR 系統是可以轉移的，你可以把 CRISPR 系統從一種生物轉移到另一種生物。」

他們還利用大腸菌的實驗室操作，逐一敲除基因，證實 cas9 是剪斷入侵 DNA 唯一必要的蛋白質分子剪刀，另外必要的兩個分子是兩種 RNA，因此 cas9/crRNA/tracrRNA 這三者組成了定位並且剪斷入侵 DNA 的機器，而且這套系統可以在細菌體外的試管內工作。他們還發現，利用訂製的間隔序列，CRISPR 也可以根據這個序列剪斷互補的 DNA，就算那不是來自病毒。這一點非常重要，表示科學家可以指定 CRISPR 攻擊的對象了。此外，還發現分子剪刀（cas9）有兩個區，分別剪斷雙螺旋特定的一股。他們從 2012 年 4 月開始投稿，直到 9 月才刊登於《國科院

學報》（圖 10-4）。

　　跟席克斯尼斯同時還有另一組人員有一樣的成果。發現 CRISPR 基因外有一個小型 RNA 的夏彭媞，2011 年在美國微生物學會演講，聽眾當中有一位美國的 RNA 專家，柏克萊的道納。兩位傑出女科學家的合作很快獲得成果：取化膿性鏈球菌的 cas9 基因轉移給大腸菌生產分子剪刀，利用這把剪刀加上兩種 RNA（crRNA 及 tracrRNA），就可以針對純化的 DNA 的指定位置進行剪裁。她們還發現這兩條 RNA 接成一條有一樣的效果，稱為單一嚮導 RNA（sgRNA）。她們把這些發現投給《科學》期刊，2012 年 6 月初投稿，6 月底就刊行了。

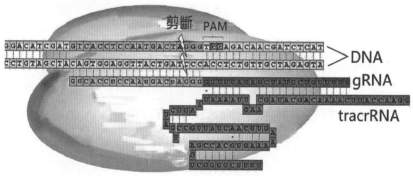

圖 10-4　作為病毒的宿主，細菌和古菌一定要有對抗病毒的辦法，這個古老的免疫策略卻到晚近才被發現。嗜熱鏈球菌、化膿性鏈球菌、金黃色葡萄球菌等的免疫機構是由 cas9 分子剪刀、嚮導 RNA、tracrRNA 等為主要構成分子。不一樣的細菌分別發展出不一樣的系統，而且特性也不一樣。例如酸胺基球菌的分子剪刀用的是 cas12a，它的特異性比 cas9 高，可能更可以降低脫靶效應。

三、利用 CRISPR 編輯哺乳類細胞

現在 CRISPR 的生化特性已經相當清楚了,而且除了發酵菌用來對抗嗜菌體,科學家的實驗室操作包括純化、在不同種的細菌之間轉基因、人工合成間隔序列、甚至在細菌體外執行生物剪刀的功能等等都不是難事了。再來就是小鼠跟人類要怎麼利用了。

哺乳類的細胞跟細菌很不一樣。哺乳類基因體的大小是細菌的 1 千倍以上。細菌沒有細胞核,基因體散布在細胞質裡;哺乳類的基因體則是精密打包在細胞核的染色體裡面。要讓 CRISPR 這一大套分子剪刀系統進入哺乳類細胞工作,顯然不容易。

作用於人類與小鼠的CRISPR9系統

第一位讓 CRISPR 進入哺乳類工作的科學家,是 1981 年出生、華裔美籍的張鋒。他出生於中國的石家莊,11 歲移民到美國,16 歲之前在家附近的基因治療公司打工,每週 20 個小時。讀哈佛的時候,一個同學因深受憂鬱症打擊,整個人都垮了,這讓張鋒體認到神經學的重要。後來在史丹佛取得博士,專長神經生物學。2011 年回到哈佛和麻省理工合辦的部落學院研究生物工程,直到現在。

CRISPR 問世之前,主要的基因編輯技術有類轉錄活化者核酸酶和鋅指核酸酶兩種。這兩種都是用蛋白質去辨識特定的

DNA 序列，特異性不如用 RNA 辨識；裁切的過程容易造成脫靶效應，剪到不對的地方；無法預測這些蛋白是否會引起免疫反應；而且實驗室操作起來非常麻煩。2011 年，張鋒發表過成功讓訂製的類轉錄活化者進入人類胚胎腎細胞株，影響基因表達的方法，是很注意科學進展而且有能力的科學家。

2011 年 2 月某日，張鋒聽到一位同僚談到 CRISPR，當場就被吸引了。次日飛往邁阿密開會，他一直待在旅館裡研讀所有 CRISPR 的文獻。回到研究室後，他立即著手建立以人類細胞為實驗對象的 CRISPR/cas9 分子。到了 4 月，他成功在人類細胞中表達了 CRISPR，讓細胞內帶有螢光基因的質體受到干擾，減少發光。

到了第二年，他建立了小鼠和人類細胞的 16 個靶位的 CRISPR 系統，每個系統包括嗜熱鏈球菌、化膿性鏈球菌或金黃色葡萄球菌的 cas9 分子剪刀基因、一個 RNA（tracrRNA）模版和一串用來轉錄嚮導 RNA 的 CRISPR 基因，或後兩者連成一串也可以。這些分子個別或單獨打包在質體或病毒裡面，轉染給細胞，發揮編輯的功能。基因工程常使用的質體是環狀 DNA，剪開是這個樣子：

其中 saCas9 是金黃色葡萄球菌的 Cas9 基因，sgRNA 可以轉錄成連成一串的嚮導 RNA 和 tracrRNA，要執行 CRISPR 編輯的三個分子就都有了。

這些系統具有極高的效率和準確度，用來定點敲除或插入一段 DNA。而且只要增加間隔，也可以一次鎖定好幾個目標。在哺乳類細胞作用的 CRISPR 一直是基因編輯科學最受期待的技術，2012 年 10 月張鋒投出論文，刊行於 2013 年 1 月 3 日的《科學》。文章一發表，立即成為這個領域引用次數最多的論文。此後三年，他的質體和相關數據透過非營利的質體庫（Addgene），供應給各地非營利實驗室，數量高達 2 萬 5 千份以上。

從 2013 年起，CRISPR 技術應用於酵母菌、線蟲、果蠅、斑馬魚、小鼠和猴子的研究報告逐漸出現，人體應用和農業用更是科技和商業注目的焦點。

2015 年張鋒利用 CRISPR 基因編輯，關閉一個蛋白轉化酶基因（PCSK9）。由於 DNA 科學發達以後，許多以往不被認識的基因逐漸露臉。科學家發現這個轉化酶基因如果發生增加功能的突變，會造成家族性高膽固醇。反之，發生失能突變的人，低密度脂蛋白、動脈硬化和心血管疾病的機會都會減少，而且不會因為基因失能出現症狀。小鼠也有這個基因。張鋒利用腺聯病毒載體打包葡萄球菌的 cas9 基因，和針對轉化酶基因的嚮導序列，經靜脈注射小鼠體內。一週後，小鼠蛋白酶表達減少了 95%，總膽固醇減少了 40%。四週後實驗結束，效果依然持續。由於心血管疾病是一種很普遍的疾病，在許多國家都是主要死因。利用

CRISPR 技術產生的療效如果可以轉譯到人體，會是非常革命性的新療法。

四、CRISPR/cas13 可能是 SARS 冠狀病毒 -2 肺炎的解方嗎？

　　病毒的基因體有好幾種，DNA 或 RNA，單股或雙股，一條或多條，正義或反義等等。B 肝病毒是 DNA 病毒，基因體由一條雙股 DNA 構成。流感病毒是 RNA 病毒，A 型和 B 型流感由 8 條、C 型和 D 型流感由 7 條單股反義 RNA 構成。SARS 冠狀病毒 -2 由 1 條單股正義 RNA 構成。感染人類的病毒當中約三分之二是 RNA 病毒，其中大部分沒有特定療法。現存療法主要是用小分子化合物干擾病毒複製，這就是抗病毒藥物。過去這 50 年來，有 90 種臨床證實的抗病毒藥物上市，用來治療 9 種病毒疾病，其中 4 種針對的是單股 RNA 病毒。相較於可以讓人類生病的單股 RNA 病毒有 390 幾種，其中至少 20 種可以造成重症，抗病毒藥劑種類顯然太少。每一種抗病毒藥物研發需要耗時好幾年甚至數十年，對新興或變化很快的病毒疾病往往來不及派上用場。

　　以往認為，RNA 病毒的生命史中，會經過反轉錄產成互補 DNA 中間產物，再由互補 DNA 轉錄 RNA，達成病毒基因體的擴增。現在我們知道，只有約 2.5% 的 RNA 病毒走這條路，大部

分病毒是直接從 RNA 基因體轉錄互補 RNA，再由互補 RNA 轉錄 RNA 基因體，完成複製。這期間使用的複製酶基因就在病毒基因體裡面。細菌的 CRISPR cas9 系統針對的是 DNA，面對生命史中沒有 DNA 的病毒要如何因應？可以想見必定有其他針對 RNA 病毒的免疫系統，科學家發現那就是細菌的另一種分子剪刀 cas13。

2019 年 12 月發表於《分子細胞》期刊的論文，是一套很完整的利用 CRISPR 技術針對 RNA 病毒診斷與治療的展示。部落學院張鋒等科學家的團隊利用運算找出 SARS、中東肺炎（MERS）等總共 300 多種可能感染人類的 RNA 病毒、數千個潛在的 CRISPR 靶點，這項工程等於建立一部 RNA 病毒診療小百科。

團隊讓包含 A 型流感病毒在內的 3 種病毒分別感染細胞，一種生長在培養皿的人類腎細胞株。這些細胞已於前一天轉染針對個別病毒製作的嚮導序列和分子剪刀 cas13 基因組成的質體。結果有轉染質體的細胞果然大量減少病毒含量。以 A 型流感為例，感染 24 小時後測試病毒量，轉染 cas13 的細胞培養皿病毒量少了 7 ～ 22 倍。

實驗中偵測病毒的方式也是張鋒團隊建立的。由於 CRISPR cas13 剪刀有一種特性：它的嚮導 RNA 如果偵測到完全互補的 RNA，也就是正確的靶，剪刀會被活化。活化的 cas13 會剪斷周遭的 RNA，不論互補與否。要偵測試管裡面的細胞有沒有被特定病毒感染，可以取檢體上清液，以本書第 11 章介紹的複製酶

聚合酶擴增術（RPA）等溫擴增病毒核酸，然後加入包含特定嚮導序列的 CRISPR cas13 工具包，再加入兩端分別有螢光素和冷卻劑的小段 RNA 做報導之用。如果檢體中含有靶定的 RNA 序列，cas13 會被激活，就像收攏的剪刀被撐開一般，撐開的剪刀除了剪斷靶定的 RNA，還會剪斷附近的 RNA，叫做伴隨活動。報導 RNA 被剪斷之後，螢光素和冷卻劑分離，產生螢光，偵測到螢光等於告訴我們這檢體裡有想要確診的病毒。這套夏洛克檢測（SHERLOCK）的特色是實行起來很方便，不必用到 PCR 的增溫降溫循環，同溫擴增在試管內就可以進行；省時，一個反應可能一個鐘頭就可以發報告了；特異性跟敏感度非常高；而且簡單，救護員可以輕鬆上手。很適合瘟疫發生時緊急實驗診斷之用（圖 10-5）。

張鋒的團隊在 2017 年發表夏洛克檢測之後，又於次年發布第二版的夏洛克檢測。由於來自不同菌種的 cas 分子剪刀發生伴隨活動時各有偏好，例如來自纖毛菌的 LwaCas13a 偏向從中切斷核苷酸 AU，普氏菌的 PsmCas13b 偏好內切 GA 等等。實驗室設計的嚮導 RNA 可以決定分子剪刀靶定的對象，因此 1：標的核酸（可以是某一種病毒或癌細胞的 DNA 或 RNA）—2：取自某菌的 cas13 分子剪刀和嚮導 RNA—3：報告者（含這把剪刀偏好的 RNA 序列），這三者形成一對一的關係。不同的報告者釋出不同的信號，在一個測試中同時放入不同標的幾組試劑，從報告者釋出的信號就可以推測核酸的種類了。

團隊把需要用到的各種分子製作成快篩試紙，讓繁瑣的分子

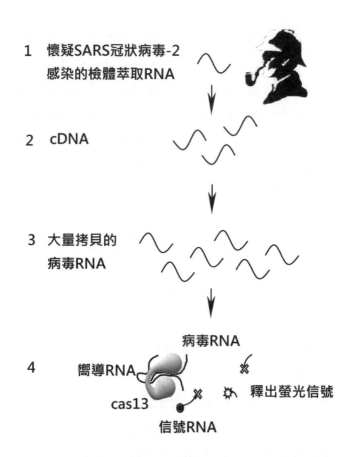

1 懷疑SARS冠狀病毒-2
  感染的檢體萃取RNA

2 cDNA

3 大量拷貝的
  病毒RNA

4 嚮導RNA

  cas13

  病毒RNA

  釋出螢光信號

  信號RNA

圖 10-5 夏洛克檢測。檢體中如果有靶定的 DNA 或 RNA 序列，攜帶嚮導
       RNA 的分子剪刀 cas13 就會被激活，剪斷靶定 RNA，同時還有伴
       隨活動，會剪斷鄰近的 RNA。在試劑中加入兩端有螢光素和冷卻劑
       的小段 RNA 信號分子，RNA 被剪斷即釋出螢光。夏洛克檢測利用
       cas13 的伴隨活動，結合 RPA 等溫擴增和 RNA 信號分子，讓檢測
       非常敏感而且容易操作。1. 檢體核酸，DNA 或 RNA 都可以。2. 在
       等溫環境中行 RPA 擴增，以提高靈敏度。3. 讓擴增的 DNA 轉錄成
       RNA，這是從檢體擴增來的 RNA。4. cas13 已經結合設計好的嚮導
       RNA，檢體擴增來的 RNA 如果和嚮導 RNA 互補，cas13 就會被激
       活，執行剪裁和伴隨活動。

檢測變得容易。張鋒在演說中說：「新興傳染病爆發的時候，讓發燒咳嗽的人搭乘公車、捷運、計程車去醫院，等於讓病患在人群中散播病毒。這時如果有居家可用的快篩試紙，陽性就請救護車來接到醫院，會是比較好的做法。」

2019 年末，武漢爆發二代 SARS 冠狀病毒肺炎，採用的診斷方法是即時聚合酶連鎖反應。這種方式在 2003 年 SARS 流行時開始成為標準檢測方式，但那是 CRISPR 還沒被世人認識之前的事了。如今科學界逐漸摸索清楚 CRISPR 的用途，也許下一次瘟疫來襲，就會有居家可用的快篩試紙了。

五、提高修改準確度的 CRISPR 先導編輯

2019 年 10 月，任教於哈佛和麻省理工合作的部落學院，台裔美籍的劉如謙在《自然》期刊發表一種升級版的 CRISPR 編輯技術——CRISPR 先導編輯。利用這種技術改變 DNA 字母，消除字母，或插入新的字母到基因體，理論上可以修正 89% 以上的基因疾病。

雖然目前只在實驗室培養的細胞利用先導編輯成功改寫了基因體，離臨床應用還需要一段時間，但是已經讓人非常振奮了。試想，不論是常見疾病如癌症、失智，或是罕見疾病如代謝異常，DNA 的問題讓許多人失去健康。如果有一天修改基因就像使用文書處理應用程式修改文章一般便利精準，醫生就可以真正

治本了。

例如全球有 400 多萬人罹患的鐮刀形貧血症，問題出在血紅素 β 球蛋白基因一個鹼基錯了（A → T）。要根治這個疾病最完美的辦法是修正 DNA 的錯誤，以往這是不可能的事。CRISPR 用來破壞一個基因是很可靠，可是正確修正基因的機率很低。先導編輯讓 CRISPR 這項新興技術大大提升了修正的功能。

剛開始，CRISPR 工具主要的作用是剪掉一小段 DNA 雙螺旋，剪斷的兩端有兩個辦法修補。一個是利用細胞自己的修復機制讓中斷的末端連接，連接時有時會插入幾個核苷酸，目標基因幾乎就失去功能。另一個辦法是以同源基因或人造模版介導重組修復，但是重組修復的成功率很低，通常不到一成。就像文章寫錯字，刪掉那一小段很容易，可是正確的文字還是寫不出來。CAS9 這把剪刀對基因體來講還是太粗糙，它不像外科醫生手上的手術刀，針對有問題的基因做精確的修補，而比較是破壞一個基因。

之前劉如謙曾開發一種鹼基編輯，使用三種分子：嚮導 RNA、不會剪斷 DNA 的 cas9 機器、一種可以改變鹼基結構的酶。借重 cas9 結合 DNA 的能力，讓嚮導帶著找到標的序列，執行修改一個字的任務，例如 C 改成 T 或 G 改成 A。

可是鹼基編輯器只能修改 12 種單核苷酸突變當中的 4 種，因此劉如謙大幅度升級機器，成為先導編輯。一方面給嚮導 RNA 延長一段，當作修復 DNA 的模版；另一方面修改分子剪刀 cas9，讓它只剪掉雙股 DNA 當中的一股，並且加上一個反轉錄

酶。這個新加入的酶會依據 RNA 藍圖，製作一段 DNA，修補被剪掉的缺口。這一來，嚮導 RNA 除了找到目標，也攜來想要怎麼修改的指令。

為什麼CRISP/CAS不會破壞自己基因體的CRISP間隔？

細菌獲得免疫的第一步是從病毒擷取一段 DNA 放在自己 CRISPR 基因間隔的位置，構成基因體的一部分。這一來主人和入侵者就有一部分 DNA 是相同的，而且這部分正好是細菌的分子剪刀要剪斷的地方，細菌採取什麼策略避免剪斷自己的基因體？

細菌採一段病毒 DNA 製作成 CRISPR 基因的間隔序列，這一段在病毒身上稱為間隔原型。科學家發現，所有的間隔原型後面緊接著有 2-6 個固定的核苷酸，稱為間隔原型相鄰模體（PAM）。細菌抵抗病毒的第一階段以這個短短的模體為標記。一開始細菌的小工具（cas1、2 等）尋找入侵 DNA 有標記的地方，切下標記上游一小段，存放在自己的 CRISPR 基因間隔。這是對入侵者進行的資料建檔。之後再有病毒入侵，CRISPR 和關聯基因被活化，即啟動第二階段，蛋白質分子剪刀、間隔轉錄及基因外轉錄的 RNA 攜手成為有效的機器。第三階段機器開始尋找有 PAM 標記的 DNA，比對標記附近的序列，確認互補就斬斷。

例如化膿性鏈球菌的 CRISPR 使用的 PAM 就是 NGG。第一階段先搜索入侵 DNA 有 NGG 的地方，然後從 N 上游隔三個核苷酸剪斷，往上取一段 30 ～ 50 個核苷酸，然後把這一段插入細菌自己的 CRISPR 基因，成為新的間隔。間隔沒有 NGG 標記，因此進行第三階段的動作時不會破壞細菌自己的 DNA。

然後先導編輯器再切另一股 DNA，啟動細胞修補 DNA 的機制，於是剛才編輯過的一股就成為修補的模版，完成雙股的改編。（圖 10-6）

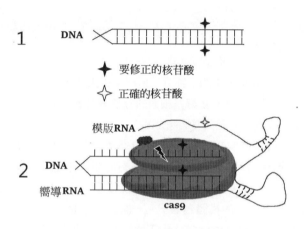

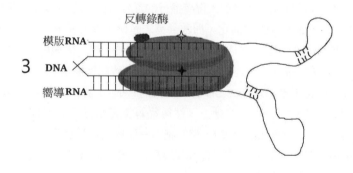

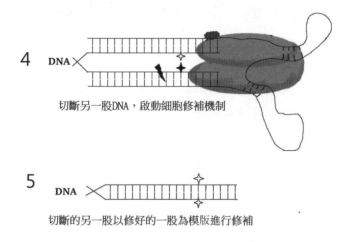

4　DNA

切斷另一股DNA，啟動細胞修補機制

5　DNA

切斷的另一股以修好的一股為模版進行修補

圖 10-6　先導編輯的做法有兩個重點：其一，cas9 分子剪刀原來具備 DNA
綁定和切斷雙股的功能，修改成綁定和切斷特定的一股；並加上
反轉錄酶，一起到達綁定的位置。其二，嚮導 RNA 新增一段當作
模板，讓切斷的一股 DNA 進行修復的時候，會依照 RNA 模版反轉
錄成 DNA 修補缺口，達到基因編輯的目的。圖中 1：等待編輯的
DNA；2：嚮導 RNA 接上一段當作反轉錄的模版（合稱 pegRNA），
另 cas9 接上反轉錄酶；3：切斷一股後開始進行反轉錄修補；4：
切斷另一股啟動修補機制；5：依照 RNA 模版修好的 DNA 現在當
另一股的模版，兩股都依設計修復。

六、進行中的 CRISPR 人體試驗

癌症

只有在睪丸生殖細胞和胎盤滋養細胞表達的癌睪抗原，正常成體細胞不表達，可是包括黑色素瘤，頭頸、肺、肝、胃、卵巢等部位的癌細胞有時候會表達。癌睪抗原可激發輔助 T 細胞和細胞毒性 T 細胞的免疫和抗體免疫，這個特性讓它成為癌症免疫治療好用的目標。如今紐食癌抗原（紐約食道癌抗原，NY-ESO-1，一種癌睪抗原），已經成為最受矚目的癌免疫療法的目標。

賓州大學醫學院的人體試驗，將納入 18 名包括骨髓瘤、黑色素瘤、滑膜肉瘤等癌症復發、現有治療無效的患者。從患者取得自體 T 淋巴球後，利用反轉錄病毒載體，導入紐食癌抗原受體（NY-ESO-1 TCR）基因，這個基因可以讓 T 細胞成為辨識癌細胞的專家，專門擅長跟表達紐食癌抗原的癌細胞結合，發揮殺死癌細胞的功能。由於 28 ～ 45% 的黑色素瘤、70% 的滑囊肉瘤，和 50% 的骨髓瘤會表達紐食癌抗原，期望基改的 T 細胞可以消滅這部分的癌細胞。

這些患者的 T 細胞還要用 CRISPR 技術敲除細胞原有的 TCR 基因和程序死亡基因（PD-1）。敲除原有的 TCR 基因是希望增進導入的紐食癌抗原受體基因表達，敲除程序死亡基因是希望維持 T 細胞的活力，避免它們在腫瘤環境裡凋亡。

利用 CRISPR 編輯和重新指向紐食癌抗原的 T 細胞，經過體外擴增，以每公斤體重 1 億個細胞的量給予患者。給予之前患者

先接受化療廓清淋巴球。

目前已有 3 名病患進入人體試驗，2020 年 2 月初步的結果是安全的，最終預計 2033 年可以提出結論。

鐮刀型貧血

我們的紅血球裡面有很多血紅素，漂浮在細胞質裡面，攜帶氧氣給全身的細胞。血紅素是由四個球蛋白（兩個 α 兩個 β）組成，每個球蛋白核心有一個血基質和一個亞鐵。

如果一個 11 號染色體上面的 β 球蛋白基因發生 A → T 一個核苷酸突變，這個基因製造出來的就不是 β 球蛋白，變成 s 球蛋白。但另一條染色體上的對偶基因還是製造 β 球蛋白。這種情形不會讓人發生鐮刀型貧血病，反而讓紅血球對惡性瘧原蟲產生一些抵抗力，有利於瘧疾流行地區的人類生存。非裔美國人大約 8% 帶一個 s 球蛋白基因，那是天擇條件讓突變的基因取得少許優勢的結果。

如果兩條 11 號染色體上面的 β 球蛋白基因都突變成 s 型，製造出來的就都是 s 球蛋白。兩個 α 兩個 s 球蛋白組成的血紅素不再獨立漂浮，會黏成一串，讓原本柔軟外型有點像甜甜圈的紅血球變得僵硬而且呈鐮刀狀。相較於正常紅血球 120 天的壽命，這種鐮刀型紅血球只能存活約 20 天。

除了貧血，僵硬的鐮刀型細胞還會堵塞小血管，造成疼痛、潰爛、肺高壓、甚至中風等嚴重症狀。鐮刀型貧血一般發病很早，滿周歲之前就開始有症狀。全球有數百萬名鐮刀型貧血病

患，其中美國大約有 10 萬名，主要發生在非裔人士。

藥物治療鐮刀型貧血的效果一直不太好。骨髓移植效果比較好，但是移植前尋找抗原型相配的捐贈者，移植後組織排斥須長期服用免疫抑制劑的問題，都很不容易處理。

要根治 DNA 裡一個字母錯誤造成的遺傳疾病，最好的辦法當然是針對造血幹細胞修正拼錯的字母。可是縱使有 CRISPR 新技術，基因編輯的修正功能（定點刪除＋定點插入）還不夠成熟，刪除功能就比較可靠。

2019 年 1 月，生技公司（CRISPR Therapeutics 和 Vertex）宣布美國食藥署通過 CTX001 可用於鐮刀型貧血病的人體試驗。同年 7 月，CTX0001 正式使用於 34 歲女性患者葛蕾。治療前，她每年平均須接受 16 次輸血和 6 次因栓塞症狀住院，長期以來疼痛和住院讓生活十分不便。治療後 4 個月，葛蕾接受電視訪談，表示效果非常好，4 個月來不曾發生過栓塞住院或輸血。

CTX0001 是一套治療方式，並不是把單一核苷酸突變改正回來，而是讓血紅素回復到三月齡之前的組成。首先抽取患者自身的周邊血幹細胞，在實驗室裡利用 CRISPR 技術關掉幹細胞一個控制基因（*BCL11A*），培養增加數量，然後廓清骨髓，輸回基因編輯過的幹細胞。這個控制基因的作用是關閉紅血球製造胎兒期血紅素的能力，現在基因被破壞了，紅血球又可以製造正常的胎兒期血紅素了。科學家發現，血液如果有 20% 以上的胎兒期血紅素，就算還有鐮刀型血紅素，也不會發生鐮刀型貧血病。（圖 10-7）

預計 2022 年 5 月會提出這個試驗的結論。

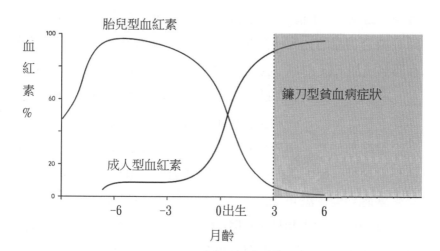

圖 10-7　鐮刀型貧血病是一個基因突變，患者沒辦法製造正常的成人型血紅素，紅血球壽命、質地、外型都發生變化造成的疾病。胎兒出生之前血紅素以胎兒型為主，出生後轉變成以成人型為主，到了三個月胎兒型血紅素已低於 10%，這時開始出現症狀。利用基因編輯讓胎兒型血紅素重新製造，紅血球可以幾乎回復正常，是目前 CRISPR 基因編輯治療鐮刀型貧血採行的辦法。

遺傳性失明

　　部落學院的張鋒創建的生技公司和合作夥伴（Editas Medicine 和 Allergan），設計了利用 CRISPR 技術直接在人體內治療一種遺傳性失明的方式 EDIT-101，已經通過美國食藥署批准進行人體試驗。

　　近年來 DNA 科學發達以後，才逐漸研究清楚一些遺傳疾病的病因。有一種先天性失明（萊伯氏先天性黑矇症第十型）是一

種隱性遺傳，一個跟視網膜感光能力有關的基因（CEP290），在隱藏結合功能的插入序列發生 A → G 一個核苷酸突變，結果剪接體無法加工原 RNA 成為信使 RNA，造成基因功能喪失。

　　EDIT-101 是用腺伴隨病毒（AAV5）當載體，打包 CRISP 嚮導分子和金黃色葡萄球菌分子剪刀基因，注射到視網膜下，執行基因編輯的任務。由於視網膜黃斑部中央窩的錐細胞只要 10% 具正常功能，視力就幾乎正常，因此只要 EDIT-101 恢復一部分感光細胞功能，就可以讓先天失明的病患重見光明。之前的小鼠試驗和培養的人類感光細胞試驗，證實基因突變的片段經過 EDIT -101 刪除、插入或反轉，總結可以恢復一部分的基因功能。

脫靶效應

CRISPR/Cas9 系統可以針對許多種生物的細胞做簡單有效的基因編輯，甚至在細胞外也可以發揮定點編輯的作用。因為人工設計的嚮導 RNA 當中 20 個核苷酸序列，可以讓有結合 DNA 功能的 cas9 酶找到完美配對的定點。

可是這套編輯系統有時候會造成相當多的脫靶，也就是剪錯地方，在不是完美配對的 DNA 位點進行編輯，造成突變的後果。

有科學家認為，細菌和古菌宿主要對抗的病毒或質體，在複製的時候很容易突變。這時宿主免疫系統擴大到不是完美配對的 DNA 也進行破壞，可以增加自己的免疫力，有助於生存競爭。此外，CRISPR 系統本來是細菌和古菌的基因，不是動植物或人類的天然基因，實驗室操作時比較容易出錯也是合理現象。可是我們要借用這套系統在人類細胞運作，不能讓錯誤發生，以免產生突變效應，造成維持生命必要的基因無法表達、致癌等可怕的後果。

許多早期的實驗發現分子剪刀剪掉的位點高達半數不是在靶定的位置。實驗室用 20 個鹼基給嚮導 RNA 尋照配對的 DNA，但是有時候高達 5 個誤配，分子剪刀都還可以剪斷 DNA，讓靶定的一個位點變成上千個位點。有研究發現這 20 個鹼基只要 PAM 相鄰這一端有 10-12 個鹼基配對正確，就會剪斷 DNA。

很多小技巧可以減少脫靶效應，但脫靶還是無法避免。CRISPR 基因編輯要放心使用於人體還有一段路要走。

11

DNA擴增與DNA定序——
PCR、RPA、NGS是什麼意思？

　　在面對人類 32 億對鹼基或 2 萬個基因時，應如何觀察並從這些密碼尋找人類疾病的起因呢？有了人類基因體計畫的大揭密，加上每天有人發表新發現的基因版本，我們要怎樣利用這些資料呢？如果你手上有一部人類基因體解碼書，你要如何利用這部全由 TCGA 四個字書寫的書，來深入瞭解自己呢？你要如何查閱自己的 DNA 之書呢？

一、聚合酶連鎖反應是 DNA 科學的核心技術

　　近年來生物技術的進步，已可以把一小段 DNA 利用「聚合

酶連鎖反應（PCR）」擴大成千百萬份，便於觀察；還可以利用自動定序儀解讀一段段核苷酸的序列。有了這兩種技術，要檢查檢體內是不是含有一段特定DNA，已經不是難事了。

DNA科學的核心技術——聚合酶連鎖反應是分子生物實驗室的基本操作，也是近年來DNA科學突飛猛進的主要基礎之一。特色是可以迅速複製任何想要的DNA片段，這個片段就是模版。

操作上除了模版和耐高溫的聚合酶以外，還要一對引子（模版兩端的互補DNA片段）、核酸材料（檢體），加上溫度調節設備，就可以開始複製模版了。其中聚合酶等於是工人，模版DNA是藍圖，只要有引子引導，工人就會迅速依據藍圖合成新的DNA。聚合反應結束後要電泳確認有沒有反應產物。由於產物是完全一樣的DNA片段，在凝膠上會呈現在同一個位置，可以用肉眼觀察得到。如果沒有反應產物，表示檢體中可能沒有要擴大複製的DNA目標序列。

我們可以這樣想像：如果你帶一位魔術師到國家圖書館，要他找看看全館藏書內有沒有一段「北國風光千里冰封萬里雪飄……數風流人物還看今朝」的文字。這要從何找起？他有一個魔法叫做聚合酶連鎖反應，只要把這兩句文字當作引子，製作千百億份，然後開始施法，這些引子就會分散開來找遍所有書籍，一旦找到完全符合的文句，整闋辭就會被複印機（等於聚合酶）印出千百億份，疊成一大疊，任誰都看得到。這時候魔術師就可以跟你說：有！有這段文字。

聚合酶連鎖反應有反應高原的現象，也就是當複製產物到達一定濃度後，就沒辦法再以二倍數複製了，甚至停止複製。那是因為聚合酶使用一段時間之後功能會減退，加上反應物濃度改變，漸漸不利於複製。所以最終產物的量，無法反應最初 DNA 模版的量。另一方面，如果最初的模版太少，可能在複製幾十次之後還無法在電泳的凝膠上呈現出來，這時候就會產生偽陰性的結果。

1960 年代，科學家就已經發現，與單股 DNA 互補的寡核苷酸（也就是引子），可以藉取自大腸菌的 DNA 聚合酶作用而擴展，而且擴展的方向一定是從 5 端往 3 端生長，這是聚合酶的特性。問題是實驗室每複製一次 DNA 之後，必須加熱到 90℃以上讓雙股 DNA 分開成為單股，單股才可以當作下一回複製的模版，但是這個溫度會破壞取自大腸菌的聚合酶，因此等到溫度下降後還要再加聚合酶，又貴又麻煩。要解決這個問題，唯有找到耐熱的聚合酶才有可能。

耐熱聚合酶的誕生是台灣之光。任教於陽明大學的錢嘉韻教授，在辛辛那提大學碩士班就讀時，成功地從黃石公園 80℃溫泉裡的水生棲熱菌（Taq）分離出耐高熱的聚合酶。它是合成 DNA 的高手，也是不怕熱的工人，就算被煮沸仍然可以工作。這個發現發表於 1976 年美國的《細菌學雜誌》。過了將近 10 年，Taq 聚合酶才全面應用於連鎖反應。

1985 年由鯨魚座生技公司（Cetus）的穆里斯發明的聚合酶連鎖反應，是 DNA 科學知識大爆發的基礎，也是人類基因體計

5端與3端

如果有一股 DNA 序列是 5-ACCGTGA-3，則雙螺旋另一股必然是 5-TCACGGT-3（也就是 3-TGGCACT-5），其中的 5 跟 3 代表 DNA 骨架醣分子中碳的位置，構成這樣的雙股：

5-ACCGTGA-3

3-TGGCACT-5

其中醣、磷酸和鹼基的關係是這樣排列的：

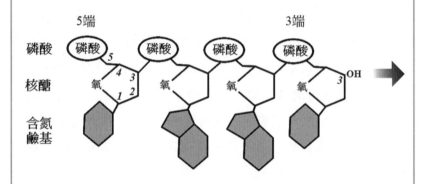

DNA 擴展的時候，一定是從 5 端往 3 端延長，不會逆向延長，這是聚合酶的特性。

畫的核心技術。在連鎖反應發明前，想要複製一段純化的 DNA 片段，惟有利用質體當作載體，將載體轉植到大腸菌或酵母菌（即生物工廠）內複製。問題是每個實驗室載體的純度不盡相同，因此必須有一個載體中央銀行儲存及配送這些生物工廠到世

界各地的實驗室當做標準。有了聚合酶連鎖反應以後,一般實驗
室就可以自行複製與其他實驗室完全一樣的純化 DNA 片段了。
只要實驗條件控制得宜,片段長度可達 6 千個核苷酸。

聚合酶連鎖反應是怎麼操作的?拿要複製的 DNA 片段當
作模版,設計一對長約 20 個核苷酸的互補序列當作引子。把模
版(或是檢體)、大量的引子、Taq 聚合酶、鎂離子(輔助因子)、
四種核苷酸分子(dNTP,這裡的 N 代表 T、C、G、或 A),統統
加入試管(圖 11-1)。

步驟 1:加熱分離雙螺旋,由於兩股之間以氫鍵連結,而同
一股相鄰的核苷酸以共價鍵結合,是氫鍵二十倍的強度。因此,
加熱到94℃時,可以讓雙股逐漸分離但是不會破壞 DNA 序列。

步驟 2:之後降溫到 65℃左右,讓引子與單股互補模版序列
黏合。由於引子短,而且數目遠多於模版,所以引子很快就會和
模版互補序列黏合,遠快於兩股模版重新併成雙股。

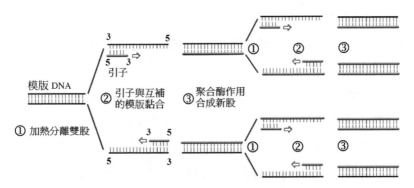

圖 11-1 利用聚合酶連鎖反應可以在一個鐘頭內複製一段 DNA 達 100 萬倍

步驟 3：升高溫度到 72℃，讓 Taq 聚合酶發揮擴展作用。聚合酶從已經黏合的引子往 3 端擴展形成新的雙螺旋。

步驟 1 → 2 → 3 是一個循環，大約耗時 2 分鐘，理論上 25 個循環可以擴大標的序列 100 萬倍。只要在機器上設定好這個步驟的溫度與時間，大約一個鐘頭就可以收成了。

從聚合酶連鎖反應的實驗步驟可以清楚看出來，耐高溫的聚合酶是連鎖反應的關鍵。有了這個好用的方法，才有日後 DNA 定序自動化的發展，也才讓人類基因體計畫成為可能。

二、等溫環境就可以進行的核酸擴增：重組酶聚合酶擴增

聚合酶連鎖反應需要機器控制準確的溫度循環，而且經過極高溫的過程，限制了蛋白質的參與。直到這個世紀才有重組酶聚合酶擴增（RPA）的突破性恆溫替代方法。TwistDx 的專利技術重組酶聚合酶擴增，讓擴增和檢測核酸可以在取得檢體的現場環境中進行。

重組酶聚合酶擴增的特色包括：1、是一種便攜式的快速核酸檢測，在很多方面可以替代聚合酶連鎖反應。而且 2、可以同時進行多段的擴增。3、應用範圍包括傳染病診斷和食品污染測試等，適用於疫病的現場檢測、醫院的床邊診斷。4、好保存，好運輸。乾燥的室溫環境下可以維持 12 個月的穩定性，短期運

輸不必冷藏。5、工作流程簡單，不需要長期的專業培訓。6、高度靈敏，特異診斷能力可以跟聚合酶連鎖反應增媲美。而且7、速度很快，通常 3-10 分鐘內就擴增到可以偵測到的濃度。8、不需要昂貴的熱循環儀或任何其他設備或試劑，就可以在單一試管裡面進行擴增。

重組酶聚合酶擴增在很多應用中可替代 PCR。實驗室可以用自己的引子設計出超靈敏檢測方法。可以適用於快篩試紙和其他裝置，也可以加上反轉錄酶用於擴增 RNA。

張鋒團隊設計的夏洛克檢測就利用這個技術，讓各種反應需要用到的酶加入單一試管或乾式試紙。經過擴增提高靈敏度之後，利用 CRISPR cas13 分子剪刀和短核酸螢光素，可以檢測冠狀病毒、登革熱、茲卡病毒疾病等。詳情請參第十章。

重組酶聚合酶擴增的原理

重組酶聚合酶擴增需要用到三種酶，它們在常溫下也具有活性，最佳反應溫度是 37°C（37°C ～ 42°C 之間）：

1、重組酶。酶與寡核苷酸引子形成複合體，並且讓引子與雙股 DNA 中的同源序列配對，被取代的 DNA 則成為 D 字形膨出的的部分。

2、單鏈 DNA 結合蛋白。這些蛋白與被取代的 DNA 結合，讓 D 環結構保持穩定。

3、鏈置換 DNA 聚合酶。檢體 DNA 如果跟引子完美互補，聚合酶就可以從引子啟動 DNA 擴增。開始時只需存在少量的

DNA，經過擴增幾分鐘內就可以檢出（圖 11-2）。

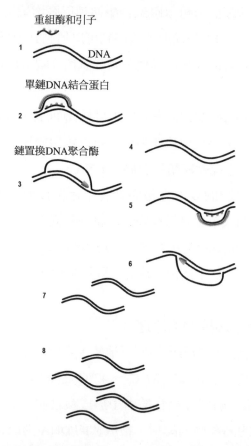

圖 11-2 重組酶聚合酶擴增原理。1～3 檢驗試劑中含有重組酶和寡核苷酸
引子、單鏈 DNA 結合蛋白、聚合酶。加入的檢體如果含有跟引子
序列一致的 DNA，就會啟動擴增反應。如果檢驗的標的是 SARS
冠狀病毒 -2，它的基因體是單股 RNA，就要增加反轉錄酶讓 RNA
反轉錄成互補 DNA。4～6 是另一股的擴增。其實 1-6 是同時進行
的，為了說明才分開表示。7，經過一次反應的 DNA 擴增子。8，
反應繼續進行，每完成一輪擴增子的數量就加倍。

三、高度敏感的定量工具——即時聚合酶連鎖反應

即時聚合酶連鎖反應技術最早是 1992 年由日裔的樋口提出的。他的初衷是想在不中斷連鎖反應、不打開試管的情況下即時看到連鎖反應的過程。由於溴化乙錠可以嵌入 DNA 雙螺旋之間受激釋出螢光，因此，在連鎖反應試管內加入溴化乙錠，若隨著反應進行，螢光也越來越強的話，表示有聚合作用，正在合成越來越多的雙螺旋。於是利用原有的機器配備一個激發和檢測螢光的裝置，第一台即時聚合酶連鎖反應儀器就此誕生。

由於模版初始濃度會影響聚合酶連鎖反應過程 DNA 產物的量，這個量又可以反映在螢光強度上，因此即時聚合酶連鎖反應有定量的特性。定量技術自產生以來，不斷發展完善，目前已經非常成熟了。標記物也由最初的單一染料發展到特異性更高的 TaqMan 探子。

偵測螢光比起利用電泳測定最終產物敏感許多，所以即時聚合酶連鎖反應也就比傳統聚合酶連鎖反應敏感。即時的意思就是每複製一次就偵測螢光一次，越早偵測到螢光表示初始標的序列濃度越高；就算檢體標的序列（也就是模版）濃度很低，也可以在複製 35 甚至 40 次之後偵測到螢光反應。所以即時聚合酶連鎖反應是敏感範圍極大定量檢查，可以清晰辨認的濃度範圍涵蓋 10^7 以上。

 ## 電玩小精靈：即時聚合酶連鎖反應的原理

利用 TaqMan 探子的即時聚合酶連鎖反應是在兩個引子間加入一個探子，探子兩端連接兩個螢光劑，例如 FAM 跟 TAMRA，其中 FAM 當報告者，TAMRA 當冷卻劑。

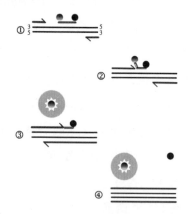

1、完整的探子，由於兩螢光劑相當接近，受激時能量被冷卻劑吸收，報告者無法釋放螢光。

2、聚合酶開始作用，其 5 端外切酶的作用會咬掉報告者，使之遠離冷卻劑。

3、一旦遠離後，受激時報告者便能產生螢光。模版濃度越高就越早偵測到螢光。

4、聚合完成的 DNA 序列是下一輪反應的模版，可以輕易看出來，每反應一輪模版數量就加一倍，增加到一定的量（閾值），感應器就可以偵測到螢光呈倍數增強了。

TaqMan 的名稱，來自一個已經流行 30 年的電子遊戲「小精靈」：Taq Polymerase（Taq 聚合酶）+ PacMan（小精靈）= TaqMan 探子。

如果檢查的對象是 RNA，因為 RNA 很脆弱、不耐操作，須先利用反轉錄酶把 RNA 反轉錄為穩定的互補 DNA，再開始連鎖反應。這樣的實驗步驟稱為「即時反轉錄酶聚合酶連鎖反應」。

即時 PCR 的判讀方法，在於找到突破閾值的反應次數。如果檢體含有我們要偵測的標的序列，在反應到達一定的次數時會測到螢光強度以倍數上升，這個上升的趨勢可以維持之後幾次的反應，然後就到達高原區。利用這個突破閾值的反應次數，與標準濃度對照組突破閾值的反應次數做比較，就可以知道原始檢體濃度，所以即時聚合酶連鎖反應是一種定量檢驗。傳統聚合酶連鎖反應用反應最終產物做比較，就算檢體的初始濃度差很多，最後產物的濃度會集中在高原區，無法反映原始濃度，所以傳統聚合酶連鎖反應是一種定性檢驗法。

即時聚合酶連鎖反應還有一個好處是比傳統反應敏感。傳統反應有一個跑膠的步驟，如果產物太少，有時候看不出來。即時反應偵測的是螢光，所以非常敏感。

即時反應的定量特性很重要，譬如愛滋病或 B 型肝炎的抗病毒療法，治療一段時間之後檢查血中病毒濃度，與治療前的濃度做比較，就可以知道治療策略是否有效，需不需要更改處方。利用即時聚合酶連鎖反應定量疫苗的濃度，可以確保疫苗品質。利用定量的特性計算羊水細胞第 21 號染色體與其他染色體核酸序列的比值，可以提高唐氏症篩檢的敏感度，這些用途都不是傳統聚合酶連鎖反應辦得到的。

 即時聚合酶連鎖反應的定量特色

　　利用分支桿菌的核醣體基因序列製作的即時聚合酶連鎖反應工具包，可以用來定量卡介苗細菌。可見細菌量越多，越早偵測到螢光。例如左起第一線細菌含量最高，在複製 14 次時就偵測到螢光；最右線受測溶液中僅有足以產生一個菌落的分支桿菌，複製 39 次測到螢光。看螢光在反應幾次後開始呈倍數增強，就可以算出檢體的細菌含量。

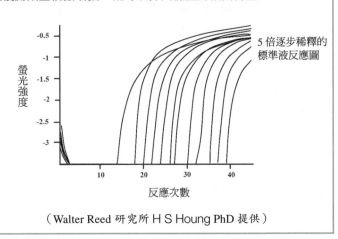

（Walter Reed 研究所 H S Houng PhD 提供）

2003年SARS冠狀病毒引發的肺炎

　　2003 年春天，是我們這一代的人永遠難忘的日子。在那久無戰亂、科學昌明、生活富足的時空背景下，卻出現了一種特別喜歡攻擊醫護人員的鬼魅般新興疫病——SARS（嚴重急性呼吸道症候群）。至今，許多白衣天使在封鎖的醫院窗台上揮舞著布條吶喊求生的情景，仍鮮活地留存在許多人的記憶裡。

由中國廣東傳出的 SARS，短短 3 個多月造成全球 30 幾國 8 千人遭受感染發病、近 800 人死亡，讓包括台灣在內許多國家的醫療系統面臨嚴重挑戰。其中最大的挑戰，在於如何早期診斷？唯有早期診斷，才能有效隔離具有傳染力的患者，才能斷絕傳播。

病因是一種新型的冠狀病毒，遺傳物質是單股正義 RNA（正義的意思是指本身就是信使 RNA），長約兩萬九千七百個核苷酸。加拿大率先於 2003 年 4 月 13 日公布病毒序列，4 月 16 日世界衛生組織宣布新病毒正式命名為 SARS 冠狀病毒。

SARS 冠狀病毒的可怕在於它突破了哺乳類宿主的藩籬，在基因改變之後順利進入人類呼吸道細胞繁衍。證據顯示，中國南方許多動物身上有它的蹤跡，如人工大量飼養的狸、貓、雪貂等。後來病毒外套的棘醣蛋白基因序列改變，讓這些棲身動物身上的病毒演變出跨越物種進入人體的能力。進入人體的病毒株在短時間內快速演化，變成可以致人於死，又可以從一個人直接傳給另外一個人的超級病毒。幸好它的傳播能力與流感病毒不同，從後來的研究可以看出來，有機會與病人接觸的人，被 SARS 病毒感染的比例極低。跟流感一傳十，十傳百的情形很不一樣。

2019年SARS冠狀病毒-2引發的肺炎

2019 年 12 月，從中國湖北省武漢市華南市場爆發了一場殃及全球的肺炎，病原是 SARS 冠狀病毒 -2（SARS CoV-2）。這次的流行型態跟之前 2003 年的 SARS 不大一樣。雖然它們都是以

即時聚合酶連鎖反應偵測SARS病毒的方法

1、偵測病毒時需先將檢體所含的病毒 RNA 萃取出來。

2、把病毒 RNA 反轉錄為 DNA，約需 30 分鐘。

3、之後把 DNA、預先設計好的引子與探子、Taq 聚合酶和反應溶液加入試管，用即時聚合酶連鎖反應機器進行檢驗。此步驟約 1 個小時。

有些市售的工具包已經把二、三兩個步驟所需的引子、探子、反轉錄酶、Taq 聚合酶和反應溶液全部製成一個試管，使用時只要加入 5 微升（0.005 西西）的 RNA 萃取液，就可以單一步驟完成檢驗。使用上非常簡便，而且節省複雜的操作步驟，比較不會出錯。

下圖的檢體來自一名急性呼吸窘迫的病患，用單一步驟試管檢測。結果痰（第 1 管）含大量 SARS 冠狀病毒，鼻咽檢體（第 2 管）病毒含量較少，血清（第 3 管）則偵測不到病毒。第 4、5、6、7 管是依序以 10 倍稀釋的標準液，第 8 管則是陰性對照組。

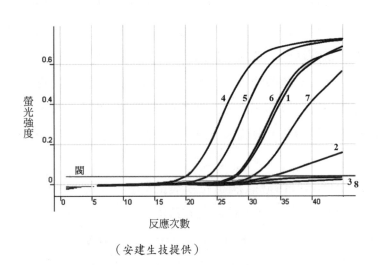

（安建生技提供）

蝙蝠為天然宿主，但 2019 年的肺炎傳染力比較高，致死率比較低。同為冠狀病毒引起的 2012 年中東肺炎，天然宿主是駱駝，死亡率約四成。2003 年 SARS 肺炎死亡率約一成，2019 年 SARS 冠狀病毒 -2 致死率約 3.8%。

SARS 冠狀病毒 -2 的表面有一種由醣蛋白組成的棘，棘醣蛋白是 SARS 病毒進入細胞的基本配備。這個蛋白有兩個功能區，一個負責讓病毒附著到細胞膜上的受體（ACE2），另一個讓病毒外膜和細胞膜融合，病毒才能進去細胞裡面。病毒附著細胞膜後，被細胞膜包覆吞入細胞成為胞內體，胞內體的蛋白酶切掉一部分的棘，融合功能區才能接觸到細胞膜。病毒的膜和胞內體的膜融合，病毒基因體就釋出到細胞質裡。

棘的中央附近有一個弗林（furin）切割位置。弗林是一種蛋白酶，細胞剛合成初級蛋白質要經過蛋白酶切割才會變得有活性。弗林的切割位置有獨特性，它辨識依特定順序排列的七個胺基酸，只有這種特定胺基酸序列才可以切斷。蝙蝠冠狀病毒無法跨種進入人類細胞，可能是因為它的棘沒有弗林切割位置，只能用蝙蝠獨有的蛋白酶做切割。病毒經過突變，讓棘有了弗林切割位置，是冠狀病毒成功從哺乳類跳躍到人類的可能原因之一。

棘醣蛋白也是誘發宿主產生中和抗體和細胞免疫的主要成分，是研發疫苗的重要目標。有些人被 SARS 冠狀病毒 -2 感染發病後痊癒了，他們血清中的中和抗體就可以用來治療同種病毒造成的肺炎重症。

細胞膜上的 ACE2 原本的作用是轉換血管收縮素。細胞因子

血管收縮素可以讓血管收縮血壓升高，作用完後由 ACE2 轉換成血管擴張分子。恰好 SARS 冠狀病毒和 SARS 冠狀病毒 -2 的棘醣蛋白也可以附著在這個受體上，是這兩種病毒用來進入細胞的門戶。SARS 冠狀病毒 -2 的附著能力是 SARS 冠狀病毒的 10 ～ 100 倍，這解釋了為什麼 SARS2 傳染力遠高於 SARS。

呼吸道和消化道表皮細胞有較多的 ACE2，因此這個病毒比較有機會從呼吸道或消化道細胞入侵人體。

病毒基因體是單鏈正義 RNA，正義的意思是這股 RNA 跟信使 RNA 一樣可以直接轉譯蛋白，相對的反義就要經過一次轉錄，製造正義才能據以合成蛋白。基因體從病毒釋出到細胞質後，一開始先利用細胞的工具生產複製機器。複製機器的零件包含兩種蛋白酶，一種以 RNA 為模版合成新 RNA 的聚合酶（RdRp），和一種解螺旋酶。解螺旋酶很重要，雖然冠狀病毒基因體是單股 RNA，但至少轉錄新 RNA 後模版跟新股的分離就需要解螺旋酶。

聚合酶轉錄病毒 RNA，產出全長或依據基因轉錄的長長短短反義 RNA。之後這些反義再轉出正義的病毒基因體或信使，細胞依據信使製造病毒的各種零件，這些結構蛋白零件和基因體打包成新的病毒，經過表面蛋白醣化處理後離開細胞（圖 11-3）。

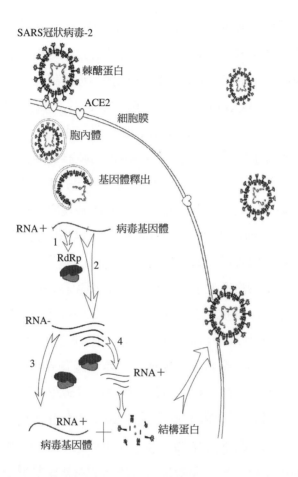

圖 11-3 SARS 冠狀病毒 -2 的細胞生活史。病毒利用棘醣蛋白黏合細胞表面的 ACE2 受體,進入細胞形成胞內體。蛋白經過蛋白酶裁切修飾後,病毒和細胞的膜才可以融合,之後病毒基因體進入細胞質。1、先製作複製機器,其中最關鍵的零件是以 RNA 為模版合成新 RNA 的聚合酶(RdRp)。2、基因體轉錄成長長短短的反義 RNA。3、再轉錄成新的正義基因體,和 4、信使 RNA,據以製作病毒的結構蛋白。

棘醣蛋白、兩種蛋白酶、RNA 聚合酶和解螺旋酶這五個病毒零件是抗病毒藥物的標的，其中已經有好消息的是針對聚合酶設計的藥物，可能是 2019 年以來這場瘟疫的解方。

以 RNA 為模版合成新 RNA 的聚合酶是病毒複製的關鍵工具，病毒基因進入細胞要趕緊讓細胞製造這個酶，才可以進行接下來的複製工程。聚合酶製作新 RNA 的時候需要用到腺苷酸、鳥苷酸等四種核苷酸，美國吉利德科學公司的專利化合物瑞德西韋（Remdesivir）是腺苷酸類似物，聚合酶誤取類似物當建材的話，複製就沒辦法延續了。美國第一例 SARS 冠狀病毒 -2 肺炎在患者病情變嚴重的時候，緊急投予瑞德西韋，次日病情明顯好轉。瑞德西韋還沒獲准上市，目前正在做臨床試驗。

已上市的流感抗病毒藥物 Favipiravir 是一種鳥苷酸類似物，實驗室證據指出這藥可能可以阻礙 SARS 冠狀病毒 -2 的複製，也是經由干擾病毒聚合酶的途徑，但是到達有效濃度時也已經對細胞產生毒性。目前也正在進行人體試驗以確認效果。

還有一種以往用來治療瘧疾的氯奎寧也可能有效。近年來氯奎寧漸漸擠身抗病毒藥物之林，作用機制是氯奎寧會提高胞內體的酸鹼度，這一來可能讓蛋白酶無法切割修飾棘醣蛋白，病毒的膜和胞內體的膜無法融合，病毒生活週期就被中斷了。氯奎寧還有調節免疫的功能，病毒感染有時引發病患的細胞激素風暴致死，投與氯奎寧可能降低了風暴的風險。類似藥羥氯奎寧後來居上，法國的研究給 20 名感染 SARS 冠狀病毒 -2 的患者投這藥，6天後其中 14 名已測不到病毒。沒有投藥的 16 名對照組則只有 2

名測不到。比起氯奎寧，羥氯奎寧可能效果更好，副作用更少。台灣的信東、強生、應元、健亞等 7 家生醫藥業者擁有藥證可生產此藥。

　　SARS 冠狀病毒的實驗診斷可分為以抗原或抗體為檢驗對象的血清學檢驗法，或以核酸分子為對象的「即時聚合酶連鎖反應」。相較於抗體必須在發燒起第 10 天以後才測得到，即時聚合酶連鎖反應可以在病程早期，如發燒第二、三天就偵測到病毒。所以即時聚合酶連鎖反應對公共衛生的幫助很大又很實際，是重要的工具。但是缺點在於必須用病患的呼吸道分泌物做為檢體，血液沒辦法檢出病毒，雖然可以驗出抗體，畢竟有時緩不濟急。面對 SARS 這種具傳染力的新興疾病，採集痰液常常會造成醫護人員的危險與恐懼。

四、DNA 自動定序

　　當今最普遍的 DNA 定序法是源自 1977 年桑格的發明。桑格曾經在 1958 年「由於在蛋白質構造上的研究（尤其是胰島素）」得到諾貝爾獎，蛋白質的胺基酸定序就是他發明的。1980 年又因為發明 DNA 定序再度得到諾貝爾獎。

　　桑格的爸爸是一個開業醫生，自幼在診所耳濡目染，使桑格對生物學及科學方法充滿了興趣與敬意。終於在家人的支持之下，成就非凡。如今葛蘭素藥廠出資設立於英國的桑格研究中

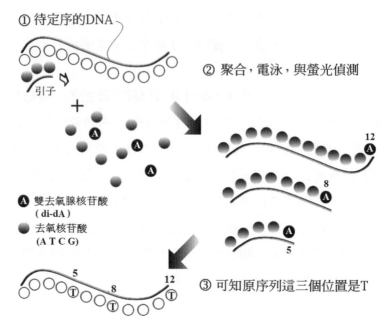

① 待定序的DNA

② 聚合，電泳，與螢光偵測

引子

＋

Ⓐ 雙去氧腺核苷酸
（di-dA）

● 去氧核苷酸
（A T C G）

③ 可知原序列這三個位置是T

圖 11-4　桑格定序法的原理

心，已是全世界最重要的分子實驗室之一。

　　桑格的 DNA 定序法主要的原理與步驟是這樣的（圖 11-4）：

　　1、同時供給四種去氧核醣核苷酸（dNTP）與一種雙去氧核醣核苷酸（di-dNTP），讓聚合酶依據模版合成新股（模版已先行PCR 擴大數量）。去氧核醣核苷酸是合成正常 DNA 的材料；但是雙去氧核醣第三碳缺少羥基（-OH），無法連接新的核苷酸，當雙去氧分子被隨機取用時，新股就沒辦法再延長，擴展中止；所以雙去氧分子是核酸鏈擴展終結者。

2、各種長度的中斷序列產物可以用電泳分開，依序形成一個個區帶，越短的跑越快。

3、依中斷序列的長度即可推測原序列。

利用這個原理，每次反應在去氧核醣核苷酸之外只加入一種雙去氧分子定序，四種核苷酸做四次就可以排列出完整的序列。

1988年，胡德利用染劑標記雙去氧核醣核苷酸，讓四種反應產物在同一片電泳凝膠上同時跑四行，敏感的雷射光機器可以一次閱讀各種長度的微量產物。第一步自動定序儀從此誕生。

隨後杜邦公司的研究人員利用改良的各色螢光染劑分別標記各種擴展終結者，一種一色，就可以在同一試管同時完成四色反應。反應完成後利用一支毛細管電泳，所有產物依長短排列，一次閱讀四種顏色，而有今日的自動定序儀，從此定序效率更高。

目前全球大型基因體定序中心如英國桑格研究中心、美國懷德海基因體中心、北京華大基因研究中心都有百部左右的定序儀。中小型定序中心也至少有幾十部定序儀。台灣學術單位有好幾個基因體中心成立，最有成就的榮陽團隊，在人類基因體計畫中，已有定序與註解1200萬對核酸的貢獻，之後又完成創傷弧菌定序。此菌基因體總長500萬對核酸，是臺灣科學界第一個獨立完成基因體定序的生物。

五、次世代定序

　　研究生命的科學家成天忙的事情，如果用一句話來講清楚，可以說就是「研究基因型如何決定表現型」。基因型就是 DNA 序列，一種基因會有不一樣的幾種版本，這幾種版本在生物體分別表達什麼樣的功能？跟其他基因如何配合？如何因應環境條件的變化？要解答這些問題之前，必須有操作簡單、花費便宜的定序方法。

　　人類基因體 32 億鹼基對的序列完成解序之後，科學家在技術上已經克服了以往所不敢奢望的解決大分子序列的問題。這個巨大的工程是一邊做、一邊擬定策略和設計機器才終於完成。每個人有自己獨特的基因體，是每一個人有各自的特性的基本原因，因此人類基因體計畫完成之後，我們必須追問，我們的基因體跟公佈的人類基因體序列必然不一樣，什麼時候我們才可以做自己的基因體定序？什麼時候才能從自己的基因體序列獲得個人化醫療的資訊？

　　我們是二倍體的生物，意思是每個人有兩套基因體，一套來自父親，一套來自母親。有幸接受個人二倍體 DNA 定序的第一個人是文特研究所（JCVI）定序的文特，文特就是身兼生技界商賈和科學家身份，與公家基因體計畫同時完成人類基因體定序的主導人物。2007 年，文特的基因體定序結果公佈了，這是跟 2004 年完成的人類基因體序列不一樣的另一種成就。人類基因體序列的來源是好幾個人的基因體各取其中一部份，是複合的基因

體，花了 13 年，30 億美元，定序約 30 億個鹼基對；文特的基因體是個人基因體，估計花費 7000 萬～ 1 億美元，定序二倍體 60 億鹼基對。

DNA 科學的先驅者華生在這件事上怎麼可能落後？原來他的基因體也正在分析，只是使用的是全新的方法，是美國的 454 生命科學公司研發的、他們稱之為「次世代定序」的革命性方法。次世代定序法和人類基因體計畫以及文特基因體分析所使用的桑格定序法不一樣，可以同時進行許多短序列的定序工作。根據《自然》的說法，利用次世代定序分析華生的二倍體 DNA 僅花了 2 個月，100 萬美元。太神奇了，從文特到華生，費用縮減了 70 ～ 100 倍。

次世代定序和在毛細管進行定序的桑格定序法有什麼不一樣？最基本的差異在於次世代定序可以同時讀取幾百萬個 DNA 片段，而不是傳統的一次 96 個 DNA 片段。這麼鉅量平行進行的工作，大幅縮減了人力負荷、時間和金錢。傳統的方法一個技術人員工作一天如果做 100 個樣本，一個樣本 1 千個鹼基，可以定序 10 萬個鹼基對；現在用次世代定序，一個晚上可以定序 1 億個鹼基，是傳統桑格定序法 3 年的工作量。其次，次世代定序是讓 DNA 片段在玻片流通槽的奈米井裡面進行聚合酶連鎖反應，擴增 DNA 片段的數量，而不是傳統的方法利用嗜菌體、大腸菌或酵母菌擴增 DNA 片段，避免了重複繁瑣的工作負擔，也減少微生物選殖擴增常見的插入缺失的缺點。

基本上各種系統的次世代測序都包括四個基本步驟：文庫製

備、叢集生成，邊合成邊測序，以及資料分析。

　　1、文庫製備。文庫製備對於成功進行次世代定序工作流程非常重要。目的是製備出相容於測序儀的 DNA 或 RNA 樣本。通常利用超音波打碎 DNA 產生許多片段，然後在 DNA 片段兩端添加 DNA 接頭來構建測序文庫，每個文庫都是從一個 DNA 片段擴增來的。接頭有甚麼作用？以 Illumina 測序儀為例，接頭含有互補、條碼、和結合三種序列。互補序列讓片段黏附在含寡核苷酸的玻片流通槽表面。條碼序列給每一種片段獨特的標記，方便多重分析。結合序列讓引子黏合，以啟動複製。多個文庫可以混合在同一運行中進行測序，稱為多重分析。

　　2、叢集生成。文庫經過叢集生成的步驟，擴增成叢集。但文庫是雙股 DNA，簇是大量的、序列一致的單股 DNA。叢集生成是在玻片流通槽的奈米井裡進行，一個玻片有數十億個流通槽奈米井。在文庫 DNA 的一股黏合引子後，隨即啟動複製。叢集生成的過程，簡言之就是讓文庫雙股分離成單股，單股一端和已經固定在奈米井的寡核苷酸黏合，由聚合酶和引子啟動複製。複製一輪後新股一端是固定在流通槽奈米井上的，末端的接頭又可以跟井上的寡核苷酸黏合，使單股成橋狀，而且也跟引子互補，因而又啟動複製。重要的是反覆的過程讓複製產品都黏在流通槽一個奈米井上面，經過清洗就可以測序（圖 11-5）。

　　3、邊合成邊測序。叢集當作模版，化學修飾的核苷酸當作材料，進行邊合成邊測序過程。每個核苷酸材料都有一個螢光標記和一個可逆終止子，後者可以阻止下一個核苷酸加入。螢光信

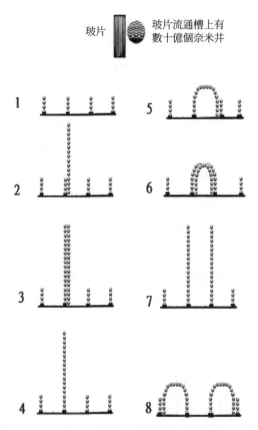

玻片　玻片流通槽上有
數十億個奈米井

1　　　5

2　　　6

3　　　7

4　　　8

圖 11-5 叢集生成。玻片的流通槽上有數十億個井，井裡像草皮一般固定
　　　　了無數的寡核苷酸，讓文庫的 DNA 片段接頭黏合。叢集生成和測
　　　　序都在玻片上進行。1，寡核苷酸固定在玻片上。2-4 製作第一股
　　　　DNA。5-7 第一輪複製。8 開始第二輪複製，重複 5-7 的步驟。

號可以指示加入的核苷酸種類，由於一個井一個叢集，序列是一樣的，每合成一個核苷酸就釋出同一種螢光，供一次讀取。終止子和螢光標記被切割後，下一個化學修飾的核苷酸才可以繼續結合。

　　4、資料分析。測序結束後，儀器軟體評估鹼基檢出的準確性，進行序列比對、變異檢出、資料視覺化或解讀。

　　三代定序也開始露出曙光，例如太平洋生物科學公司的單分子定序，一個管道可以讀取 4 千到 1 萬個鹼基，一次運行可以讀取 1 千億個鹼基，雖然只是還沒成熟的藍圖，卻已經令人十分期待。有了二代定序甚至三代定序，個人基因體定序不再是一種幻想，在個人基因體的基礎上建立的個人化醫療終究可以實現。

12 DNA晶片

DNA 科學有一個基本原則，就是兩股之間的鹼基一定是 A 與 T 成對、C 與 G 成對，這個現象稱為互補。如果有一段單股 DNA 與另一段單股 DNA 互補，這兩股 DNA 很容易就會結合為雙股，因為雙股之間會形成很穩定的氫鍵。互補的 DNA 序列構成雙股的現象可以稱為黏合或雜交，通常黏合是用在短的序列之間，雜交則用在長的序列之間，但是意思是一樣的。如果你在報章雜誌上看到「DNA 雜交」的字眼，一定很不習慣，其實這代表的是兩股互補的序列之間的結合。譬如有一種技術，叫做「螢光原位雜交」，是利用一段帶著螢光色素的 DNA 序列當作探子，去尋找固定在玻片上的染色體有幾個與探子互補的序列。如果用我們的語言，這種技術可以稱之為「染色體螢光定位法」，就不

會滿頭霧水了。螢光原位雜交的用途頗廣，可以用來辨認染色體片斷屬於基因體的哪一段；也可以用來檢驗染色體數目。

有些疾病是染色體數目不正常造成的，著名的唐氏症就是因為細胞核中多出一段 21 號染色體，因此一般人的染色體是 23 對 46 條，唐氏症有時候會有 47 條，有時候則仍是 46 條，但是其中有一條比較長，多出一段屬於 21 號的段落。這時如果用螢光原位雜交技術來檢驗 21 號染色體，看到三個螢光點，表示細胞多出一段 21 號染色體，比計算染色體的數目還準。所以利用互補與黏合是非常好用的生物技術。

一、基因晶片的功用與製作方式

基因科學的研究最麻煩的地方就在於資料龐大，如果你手上這本書每一個字表示一對鹼基的話，那麼你的每一個體細胞內的 DNA 就要六萬本像這本書一樣的篇幅來記載。這麼龐大的資料，簡直令人不知所措。現在有一種熱門的科技——微陣列，又稱為 DNA 晶片，原理類似雜交技術，也是利用互補與黏合，不同的是固定在晶片上的是非常精密的探子，一個指甲大的晶片上可容納幾十萬種探子（圖 12-1）。利用雜交技術讓晶片上的 DNA 探子與檢體雜交，再用電腦做龐大資料的分析比對，可以取得大量的結果。以往的基因研究是一個基因一個實驗設計，有了基因晶片之後，一個實驗就可以囊括一個人所有的基因，也許只需要

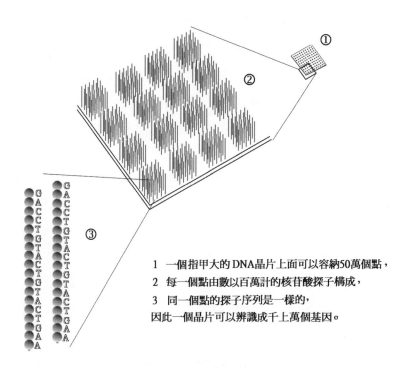

1 一個指甲大的 DNA 晶片上面可以容納50萬個點，

2 每一個點由數以百萬計的核苷酸探子構成，

3 同一個點的探子序列是一樣的，

因此一個晶片可以辨識成千上萬個基因。

圖 12-1　晶片的組成

用到 1 ～ 3 個基因晶片。

　　DNA 微陣列或 DNA 晶片，有幾種不同的製作方式與應用目的，但原理都一樣，就是把 DNA 規規矩矩排列在像指甲一般大小的玻璃、矽，或合成高分子表面上。現在的技術，在 1.28 公分見方的晶片上可以容納超過五十萬個排列整齊的點，每一個點由數百萬個相同的單股 DNA 探子構成。

　　這些點上面的 DNA 探子是什麼組成的呢？它們可以是各種病毒基因體的特殊序列，例如一株病毒如果取五段特異的核酸序

列，占五個點，則一片精密的晶片就可以辨識十萬株病毒。也可以把人體各種基因的表現序列製作成核酸序列，這時候晶片就可以用來與取自某種組織的信使 RNA 的互補 DNA 雜交，以偵測組織中特定基因的表現強度。或者也可以把某一種基因各種變異版本分別作成探子，就可以用來辨識基因型了。這些只是眾多用法之中的幾個例子而已。

基因表現序列當作探子製作的晶片，使用時要先把取自細胞樣本的信使 RNA 製作成互補 DNA，並且以螢光色素標記，再讓這個產物與晶片上的探子進行雜交，然後閱讀晶片上螢光出現的位置與強度，就可以知道樣本含有哪些信使 RNA。利用電腦進一步分析基因的表現，可以全盤瞭解這一個細胞基因的活動。因此，DNA 晶片一方面可用於辨認基因型，另一方面亦可用於測定基因表現的強度。

基因晶片有兩種製作方式。一種是用類似印表機的機器，噴射印刷長 500 ～ 5000 核苷酸的 DNA 探子到片子上，史丹佛大學有個實驗室就致力於這種方法的研究。印刷式的晶片每一個點直徑 0.01 公分，晶片上每平方公分可以容納一萬點，也就是一萬種探子。探子也可以利用細菌複製的染色體片段製作，原理類似質體複製的方法，利用大腸菌生產的探子是很大的 DNA 片段，10 萬～ 30 萬個核苷酸，甚至更大。

另一種製作法是利用光罩合成的原理，直接在片子上合成探子，每個探子長度為 20 ～ 80 個核苷酸（圖 12-2）。這是非常精密的寡核苷酸晶片。例如先在玻片上鋪一層 A 核苷酸，在 A 上

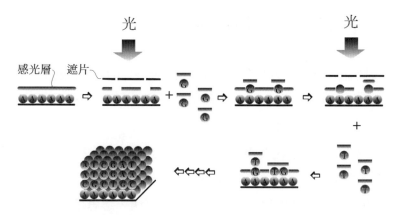

圖 12-2　利用光線打洞後逐一連接核苷酸到打洞的點，可以精密製作寡核苷酸晶片

則有對光敏感的保護層，如果要在某個點加上一個 G，則給這個點照射紫外線破壞保護層，但是其他的點要遮蔽起來。之後再加入 G 核苷酸，這時只有照光的 A 可以接上 G，其餘仍在保護層下，無法與 G 反應。G 上面也有保護膜，重複「照光—黏接」的步驟，一步一步在不同的點接上預設的核苷酸。由於開放照光的窗口很小，只有 18 ～ 20 平方微米（一個微米是一百萬分之一公尺），所以非常精細，每一平方公分如果容納 25 萬個點，亦即 25 萬種探針，每個點直徑為 0.002 公分。

　　噴射印刷製作成本比較低，可以在自己的實驗室製造。但是會有品質及認證的問題，而且實驗數據在不同的實驗室之間有時候會難以比較。直接在玻片上合成寡核酸晶片的機器設備很貴，而且技術門檻高，生技公司才會製作；好處是可以確實掌握晶片上核酸序列的種類及長度，對基因體的研究可以更具特異性。

二、晶片的實際用途

基因晶片可以發掘老病的新治療目標。有了晶片技術，研究人員更容易就可以發現與疾病關聯的新基因和對疾病的新解，更進一步可以找出新的治療。

例如大提琴家杜普雷 28 歲罹患的多發性硬化症（一種嚴重的神經系統退化疾病），害得她 45 歲就結束一生，留給愛樂者許多不捨。多發性硬化是一種自體免疫疾病，意思是本身製造的抗體攻擊本身的組織。利用 DNA 晶片理當可以得到自體免疫疾病共有的特色，就是細胞主要組織抗原和抗體基因過度表現的結果，沒問題，一如預期，晶片給了這個答案。有趣的是，晶片同時告訴研究者，多發性硬化症患者的白血球生成素和免疫球蛋白受體的基因也過度表現，這就增加了新的治療方向。

此外，晶片可以讓疾病分類更仔細。目前的癌症分類是根據組織病理學分為兩百多個種類。但是，腫瘤有基因突變和外基因突變，不同的人即使罹患同一種腫瘤，也會有許多不一樣的基因型。這些 DNA 的差異，造成腫瘤生物特性的差異，包括腫瘤生長的速度，侵襲周遭組織的能力，轉移的可能性，對於化療的反應等等。因此，傳統的一個實驗針對一個基因做比較的研究方式，顯然不足以應付需求。

晶片技術可以讓癌症的診斷與治療更細緻。比如乳癌，取癌細胞檢體與正常細胞和轉移性癌細胞比對，檢體 DNA 比較接近正常細胞的人，其存活率明顯高於 DNA 接近轉移性癌細胞的

人。也就是如果以正常細胞和最惡性的細胞當做比較的兩極,就可以在癌症初發的時候,利用晶片辨識它的細胞生物特性將偏向哪一極。藉由這個預知,醫生在癌細胞還沒擴散之前,就必須決定是否採取比較積極的治療,在疾病的危險性與治療的副作用之間設定一個新的平衡點。

基因晶片的另一種用途,可以作為藥物發展的利器,簡化新藥研發流程。例如有一種新研發的候選藥,用藥的目標不在心臟,要知道這個藥對心臟細胞有什麼影響,可以利用基因晶片,比較以候選藥處理過的心臟細胞,對照未經藥物處理的心臟細胞,如果有基因活動的明顯差異,表示這個藥對心臟細胞有作用,因此可能是有心毒性的危險藥物。另一方面,如果這個藥的作用目標本來就在心臟,而用藥的結果使有病的細胞過度表現的基因減弱下來,晶片可以告訴研究者這個藥是有效的。

晶片還可以告訴我們罐頭裡裝的是什麼肉

2004 年 2 月,法國的生技公司推出一種食物晶片(FoodExpert-ID,也是由 Affymetrix 製造),包含偵測 30 多種脊椎動物細胞色素基因的 8 萬種探子,用來辨認一小罐 100 美元的魚子醬或是鵝肝醬是不是摻雜了其他來路不明的東西。這個晶片還可以辨認鴕鳥肉、貓肉、甚至人肉!

除了辨認高貴食材以外,食物晶片主要的用途是監測動物飼料有沒有摻牛肉或牛骨,如果狂牛症透過飼料添加的牛骨或是牛肉傳播的話,恐怕會造成不可收拾的災難。

認識DNA

 利用基因晶片檢驗腦細胞基因表現的例子

基因晶片可以分析精神分裂症病患的腦細胞的基因表現情形（圖 12-3）：

1、基因晶片上有各種與腦細胞功能相關的基因探子，假設有三個點分別代表 A、B、C 三個基因。

2、從病患腦中特定區域萃取的信使 RNA，反轉錄為帶綠色螢光的互補 DNA；對照組的腦細胞信使 RNA（取自沒有精神分裂症的人），則製作成帶紅色螢光的互補 DNA，作為比較的標準。

3、讓這兩種螢光產物與晶片雜交，實驗組與對照組可以共用一個或各自使用一個晶片。如果這些帶著螢光的 DNA 與探子完全互補，就會緊密黏合在探子上，探子所在的點將發出螢光。這個實驗測到患者 A 基因表現突出，而 C 基因則幾乎沒有表現，科學家就可以進一步研究這些基因與精神分裂症的關聯，也許也可以逐漸找到治療疾病的辦法。

三、全基因體關聯研究（GWAS）

全基因體關聯研究（GWAS）是近幾年發展出來的技術，可以用來研究群體或個人的基因體。全基因體關聯研究檢查的標的是人類基因體常見的單核苷酸多樣性，分析不同的人群之間有哪些單核苷酸的差異。大規模使用，科學家可據以發現疾病跟某一個或某些核苷酸的關聯，進而挖掘特定位置週遭的可能的致病基因。小規模使用則可以預測一個人罹患某一種疾病的風險。

只要是人類，基因體就幾乎相同，任意兩個人的基因體之間

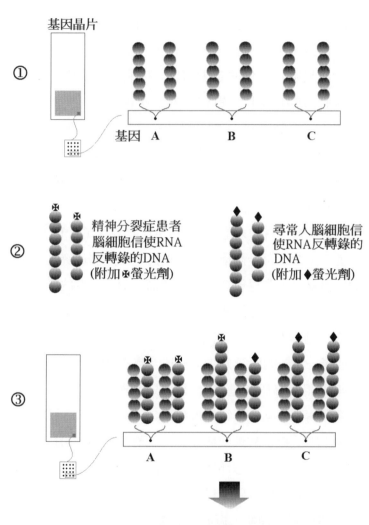

只有大約 0.1% 的差異，所以基因體是大同小異的 DNA。2003 年人類基因體計畫完成之後，等於有了一個大同，科學家開始針對其中的小異進行精確的定點研究。所有的小異當中，最主要的是單核苷酸的多樣性。單核苷酸多樣性的意思，指的是在我們基因體的核苷酸序列 32 億個點（點就是單核苷酸）當中，有 1100 ～ 1500 萬個點，有時候會出現另一個版本，而且這個版本出現的機會大於 1%（大於 1% 構成一種多樣性）。科學家發現，人類基因體當中，常見的單核苷酸多樣性大約有 1 千多萬個，這些位置的核苷酸，有的人是這一種（ATGC 當中的一種），有的人是那一種。至今，有一個稱為單倍型計畫的大型研究，已經找到並且編好目錄的，常見於非洲裔、歐裔、亞裔人群的單核苷酸多樣性有約 400 萬個，從這些差異就可以辨識一段一段經常固定在一起的 DNA 區塊，也就是單倍型。單倍型計畫所建立的公開資訊，促成了一種新的研究方法：全基因體關聯研究。

全基因體關聯研究是集合幾百或是幾千個有（實驗組）跟沒有（當做對照）某一種特定疾病的人，分析他們的核苷酸多樣性。在清點哪些核苷酸跟疾病症狀一起發生之後，可以統計出來每一個核苷酸版本的相對風險。例如，2007 年發表的一個劃時代研究，英國的科學家研究目標是要尋找七種主要疾病的風險基因，這七種疾病是躁鬱、冠心、克隆（慢性腸炎）、高血壓、類風濕、成人型及幼兒型糖尿等複雜疾病。每一種疾病找來 2 千個人，共 14000 個人，加上 3 千個對照組，利用基因晶片（Affimetrix GeneChip 500K mapping Array Set），辨識 500568 個單核苷酸多樣

性。經過清點，研究人員發現了 24 個位置的核苷酸版本跟這些疾病有很明顯的關聯。2008 年 7 月，主持計畫的衛爾康基金會宣布要擴充研究計畫的規模，將增加 36000 個受試者並且擴及十四種常見的複雜病，以及釐清某些藥物反應的體質因素。

就在幾年前，一個涵蓋幾千個人的全基因體研究要花掉的金額還是個天文數字。如今利用 DNA 晶片，一個研究需要花費的時間跟金錢，已經變得可行。如今 DNA 晶片公司供應的產品，一個晶片可以包含超過 180 萬個標記點（Affimetrix SNP Array 6.0），涵蓋歐、亞裔八成以上的單倍型。採來的 DNA 檢體數量擴大後沖洗過晶片上面的探子，掃描軟體就可以判讀檢體有哪些基因標記，因此用一個晶片就可以辨識許多種 DNA 與疾病的關聯。

用全基因體關聯研究複雜疾病，只能估計基因標記代表的風險，沒辦法像孟德爾遺傳的單基因疾病一樣，一個基因就決定是不是罹病。這是因為複雜疾病與多個基因跟環境的交互作用有很大的關聯，交互作用決定了罹病的機會。而且發生變化的單核苷酸不一定在基因的表現子，有時候在基因的開關（啟動子）或油門（強化子）等調控部位上，這時候就要進一步弄清楚這個開關或油門控制的是什麼基因，才能從基因的功能探索疾病發生的機制。通常，全基因體關聯研究的結果不能直接用於防治疾病，必須先徹底研究清楚疾病發生的途徑之後，醫生才能根據單核苷酸多樣性的資料提供專業判斷、藥物治療、和環境及生活型態的建議。

有時候全基因體關聯研究找到的基因標記很容易就可以換算成基因的版本與疾病的關聯，但是這並不就等於找到致病基因，

只能說根據這個結果，某種版本的某種基因增加了多少疾病風險。目前市面上可以消費的 DNA 測試之中，有一種是辨識脂蛋白元 E 的基因型，藉以估計失智症的風險。19 號染色體上這個基因編碼的脂蛋白元 E，有 *E2*、*E3*、*E4* 版，協助處理腦中膽固醇的能力不一樣。如果有一個 *E4*，或兩個都是 *E4* 版，阿茲海默的風險會增加許多倍，但並不是兩個 *E4* 版的人就一定會得阿茲海默症，或沒有 *E4* 版就不會得阿茲海默症。複雜疾病的形成，是環境因素、生活型態與基因交互作用的結果。利用全基因體關聯研究做「全基因掃描」、「體質評估」等的 DNA 商業，有些項目已經在台灣市面出現，還有許多蓄勢待發。但是花了錢（台幣三萬元以上，甚至三十萬元）做完檢查之後，醫生頂多只能給一般性建議，其實這些建議對沒有做檢查的人來說，一樣適用。重要的是良好的環境和生活習慣，這才是可以改進的部分。也許不少人需要有個基因層次的理由，才改得掉不好的生活習慣；加上時時有更新的資訊，如果每年一兩次的醫師面談售後服務，可以強化消費者追求健康生活型態的意願，花的錢或許就值得。

四、尚待克服的實際問題

基因晶片的臨床價值令人充滿期待，但是也有一些缺點是研究人員亟需克服的。例如，各個實驗室採用的採樣方式、晶片型式、標幟方式、數學分析，及判讀標準不盡相同，科學家不容易

從眾多資料中取得比較的標準,因此每個研究結果的意義都必須
存疑。其次,晶片分析需要正常細胞當做比較的標準,問題是什
麼是正常?每個人的基因表現有其個別差異,如何克服個別差異
的問題?目前有一種作法是混雜各種來源的 RNA 當作通用對照
組,只是實驗室的門檻因此提高不少。

　　晶片製作的問題也是一個困難。要把成千上萬種互補 DNA
的複製品點上晶片時,很容易出錯。而且這些複製品常常需要利
用細菌作群殖,細菌之間的交互污染不無可能。有人研究指出,
即使是購買來的成套複製品,也只有 62% 是純系的互補 DNA,
其餘不是 DNA 序列不對,就是混雜其他序列。就算保證正確序

臨床主要還是用聚合酶連鎖反應（PCR）

　　臨床上也許只要辨認六個基因就可以選擇治療藥物的種類,這時何
必動用晶片一次檢驗不相干的幾千種基因?因此,研究階段用基因晶
片,等到知道哪些基因與疾病的特性有關之後,針對這些基因作聚合酶
連鎖反應檢查,就可以得到足夠的基因活動資訊了。

　　這種作法有許多好處,包括便宜。應用生物公司（ABI）的晶片一
片約 500 美元,而即時聚合酶連鎖反應工具包一組約二、三十美元,
傳統聚合酶連鎖反應也許只要半價;硬體設備與人力耗費的差距更大。
其次,聚合酶連鎖反應對於結果的判定很確定;晶片分析則因為數據龐
大,常常有令人困擾的結果。第三,用福馬林或蠟封保存的組織也可以
做聚合酶連鎖反應,這是標準而且行之有年的保存方法;基因晶片沒辦
法檢查這種檢體,只能檢查冷凍保存的組織。

列的寡核酸產品，有時候也有 30% 的錯誤。購買製作好的晶片也許能減少自製晶片的錯誤，但也讓研究者失去對晶片準確度進行評估的權利。研究者如果沒有使用正確的對照組，也會影響實驗結果的判讀。因此，至少還要利用即時聚合酶連鎖反應等具高度特異性的研究方法做進一步確認，才能認定晶片分析呈現的基因表現情形。

無論如何，自從 1996 年基因晶片出現以來，已經掀起研究方法的大革命。如今要求重視個人化醫療的聲音已越來越響亮，醫生除了體溫、血壓以及現存的身體檢查以外，還要利用晶片檢查患者的 DNA 資料，據以瞭解特定的體質及開列處方。

（全文完）

專有名詞與人名中英對照

前言

DNA — Deoxyribonucleic Acid, 去氧（或脫氧）核醣核酸

RNA — Ribonucleic Acid, 核醣核酸

文特 — Craig Venter

史德提文特 — Alfred Sturtevant

米歇爾 — Friedrich Miescher

艾弗里 — Oswald Avery

克立克 — Francis Crick

胡德 — Leroy Hood

柯林斯 — Francis Collins

核苷酸 — Nucleotide

核素 — Nuclein

桑格 — Frederick Sanger

基因體 — Genome

華生 — James D Watson

瑞德利 — Matt Ridley

雙螺旋 — Double helix

薩爾斯頓 — John Sulston

鹼基 — Base

異染色質 — Heterochromatin

啟動子 — Promoter(一段 DNA)

偽基因— Pseudogene

華萊士 — Douglas C. Wallace

短的介入成分 — Short interspersed elements, SINEs

跳躍的基因 — Jumping genes

酪胺酸 — Tyrosine

微衛星 — Microsatellite

腺苷二磷酸 — Adenosine diphosphate, ADP

腺苷三磷酸 — Adenosine triphosphate, ATP

端粒 — Telomere

端粒酶 — Telomerase

摩根 — Thomas Hunt Morgan

衛星 — Satellite

轉位子 — Transposon

轉錄 — Transcript（DNA 轉錄成 RNA）

轉譯 — Translate（RNA 轉譯成蛋白質）

懷特 — Tim D. White

第2章

分摩根 — centi-Morgan, cM

加洛德 — Archibald Garrod

甲臏症候群 — Nail-patella syndrome

認識DNA

失去作用 — Loss of function

同合子 — Homozygote

任威克 — James Renwick

血友病 — Hemophilia

多麩醯胺酸疾病 — Polyglutamine Disorders

全基因體關聯研究 (GWAS) — Genome Wide Association Study

全國 DNA 目錄系統 — National DNA Index System, NDIS

沉默突變 — Silent mutation

抗氧化酶 G6PD — Glucose-6-phosphate Dehydrogenase

克林根柏 — Martin Klingenberg

狄恩 — Michael Dean

杭亭頓症 — Huntington's disease

苯丙胺酸 — Phenylalanine

重組 — Recombination

異合子 — Heterozygote

終止突變 — Nonsense mutation

終止密碼 — Stop Codon, 又稱 Nonsense Codon

移碼突變 — Frame-shift mutation

單核苷酸多樣性 — Single Nucleotide Polymorphism, SNP

單倍型 — Haplotype

單倍型圖譜計畫 — Hap Map project

黑尿症 — Alcaptonuria

短串重複 — Short Tandem Repeats, STR

誤義突變 — Missense mutation

增加作用 — Gain of function

複雜疾病 — Complex disease

賴胺酸 — Lysine

選擇性血清素再吸收抑制劑 — Selective Serotonin Reuptake Inhibitor,
　SSRI

聯合 DNA 目錄系統 — Combined DNA Index System, CODIS

第3章

RNA 編輯 — RNA editing

X 脆裂症 — Fragile X syndrome

一種與細胞凋亡有關的基因 — Death-associated protein kinase,
DAPK

大子代徵候群 — Large offspring syndrome, LOS

甲基化 — DNA methylation

甲基胞嘧啶 — methyl Cytosine, mC

印迹 — Imprinting

外基因遺傳 — Epigenetics

安格曼症候群 — Angelman syndrome, AS

西佛曼 — Lewis R. Silverman

芬柏 — Andrew P. Feinberg

非小細胞肺癌 — Non-small-cell lung cancer, NSCLC

染色質 — chromotin

活化者 — Activator, 一種蛋白

桃莉羊 — Dolly

核體 — Nucleosome

啟動子 — Promoter

烷化劑 — Alkylating agent

烷基轉移酶 — O6-MGMT

強化子 — Enhancer

普威症候群 — Prader-Willi syndrome, PWS

楊洛林 — Lorraine Young

腺苷脫胺酶 — Adenosine deaminase acting on RNA, ADAR

轉錄機器 — Transcription machine

第4章

RNA 干擾 — RNA interference, RNAi

RNA 誘導的沉默複合體 — RNA-induced silencing complex, RISC

小型干擾 RNA — small interfering RNA, siRNA

反義 — Anti-sense

切丁器 — Dicer

正義 — Sense

即時聚合酶連鎖反應 — Real time PCR

拉美芙錠 — Lamivudine, 肝安能

核酸酶 — Ribozyme

涂須爾 — Thomas Tuschl

馬開弗里 — Anton McCaffrey

基因敲除 — Gene knockdown

基因剔除 — Gene knockout

費爾 — Andrew Fire

菲佛 — Sebastien Pfeffer

莖環結構小髮夾 RNA — RNA Stem-loop hairpin

單股微 RNA — micro RNA, miRNA

菸草蝕刻病毒— Tabacco etch virus, TEV

嵌合體 — Chimera

慢病毒屬 — Lentivirus

黎柏曼 — Judy Lieberman

質體環形 DNA — Plasmid circular DNA

韓能 — Gregory Hannon

穩定核酸脂顆粒 — Stable nucleic acid-lipid particles, SNALP

類脂質 — Lipidoid

第5章

有一種反轉錄病毒（SSV）— Simian Sarcoma Virus

艾姆斯 — Bruce N. Ames

血管內皮生長素 — Vascular Endothelial Growth Factor, VEGF

伊斯納 — Jeffrey Isner

李福症候群 — Li-Fraumeni syndrome

抑癌基因 — Tumor suppressor gene

哈里斯 — Henry Harris

佛克曼 — Judah Folkman

努森 — Alfred Knudson

波特 — Percival Pott

來自血小板的生長因子 — Platelet Derived Growth Factor, PDGF

依賴週期素的激酶 — Cyclin-dependent kinase, CDK

乳突性甲狀腺癌 — Papillary thyroid cancer, PTC

信息傳遞 — Signal transduction

凋亡 — Apoptosis

海拉 — Henrietta Lacks

海拉細胞 — Hela cell

致癌基因 — Oncogen

致癌物 — Carcinogen

組安酸 — Histidine

第一信使 — First messenger

第二信使 — Second messenger

視神經母細胞瘤的抑癌基因 — Retinoblastoma, Rb

費恩 — Eric Fearon

喪失異合子性 — Loss of heterozygosity, LOH

禽白血病毒 — Avian Leukosis Virus, ALV

禽的病毒 (AEV)— Avian Erythroblastosis Virus

週期素 — Cyclin

溶解 — Lytic

酪胺酸 — Tyrosine

蓋喬治 — George Gey

誘變劑 — Mutagen

融入 — Lysogenic

羅斯 — Peyton Rous

羅斯肉瘤病毒 — Rous Sarcoma Virus, RSV

雙擊理論 — Two hit theory

斷裂點叢集區 — Breaking Point Cluster Region, BCR

第6章

EB 病毒 — Epstein-Barr virus，EB virus

人類疱疹病毒 — Human herpes virus, HHV

人類孟氏遺傳線上資料（OMIM）— Online Mendelian Inheritance in Man

人類乳突病毒 — Human Papillomavirus

人類嗜 T 淋巴球病毒 — Human T-Lymphotropic Virus, HTLV

大腸腺瘤瘜肉症基因 — Adenomatous polyposis coli gene, APC

巴爾 — Yvette Barr

立即早期基因 — Immediate-early gene, IE

卡波西肉瘤 — Kaposi's Sarcoma

生殖細胞突變 — Germline mutation

多瘤性病毒 — Polyomaviridae

即時聚合酶連鎖反應 — Real Time PCR

伯奇 — Denis Burkitt

伯奇氏淋巴瘤 — Burkitt's lymphoma

拉美芙錠 — Lamivudine

芳香酶抑制劑 — Aromatase inhibitor

家族性腺瘤瘜肉症 — Familial Adenomatous Polyposis, FAP

泰莫西芬 — Tamoxifen

單核球 — Monocyte

修補鹼基配對錯誤的基因 — MSH2 ／ MLH1

第二型人類表皮生長因子受體 — HER2 ／ neu

喪失異合子性 — Loss of heterozygosity, LOH

黃體素受體 — Progesteron receptor, PR

賀癌平 — Herceptin

微衛星不穩 — Microsatellite Instability, MI

愛普斯坦 — Anthony Epstein

雌激素受體 — Estrogen receptor, ER

潛伏基因 — Latent genes（EBNA、LMP、ERERs 等）

遺傳性非瘜肉大腸癌 — Hereditary Nonpolyposis Colorectal
  Cancer, HNPCC

轉錄體 — Transcriptome

雙擊理論 — Two hit theory

類疱疹病毒第八型 — Human Herpes Virus-8, HHV-8

第7章

乙醯輔酶 A —Acyl CoA

乙醯膽鹼 — Acetylcholine

巨噬細胞 — Macrophage

瓦萊士 — Douglas Wallace

介白質 — Interleukin

白三烯 — Leukotriene

伊德威 — Paul Van Eerdewegh

米蘭脂蛋白元 AI 基因 — ApoAI Milano, 簡稱米蘭基因，編碼的
　　蛋白質簡稱米蘭蛋白

法蘭西齊尼 — Guido Franceschini

使他停 — Statin

肥胖細胞 — Mast cell

索都利 — Cesare Sirtori

脂肪斑 — Fatty plaque

脂蛋白元 — Apolipoprotein

脂蛋白元 AI — ApoAI

脂蛋白元 E — ApoE

細胞生長素 — Cellular growth factor

細胞激素 — Cytokine

組織胺 — Histamine

補體受體 — CR1

粥狀瘤 — Atheroma

腫瘤壞死素 — Tumor necrotic factor

黎夢娜 — Limone sur Garda

網格蛋白的組裝蛋白 — PICALM

複雜疾病 — Complex disease

鞘脂 — Sphingolipid

簇素 — Clusterin, CLU

類澱粉甲、乙、丙 — Amyloid α、β、γ

類澱粉前驅蛋白 — Amyloid precursor protein, APP

類澱粉斑 — Amyloid plaque

第8章

誘導多能幹細胞 — induced pleuripotent stem cell, iPS

山中伸彌 — Shinya Yamanaka

吉爾哈特 — John Gearhart

自殺基因 — Thymidine Kinase, TK 基因

胡博 — Jay Hooper

病毒組裝 — Virus assembly

基因工程 — Gene Engineering

基因療法 — Gene Therapy

鳥糞嘌呤類似物 — Ganciclovir, GCV

湯姆森 — James A Thomson

腺伴隨病毒 — Adenovirus-associated virus, AAV

鼠白血病病毒 — Murine leukemia virus, MLV

樹突細胞 ― Dendritic cell

第9章

OTC 缺乏症 ― Ornithine transcarbamylase deficiency, 鳥氨酸的氨基甲醯轉移酶缺乏症

安德森 ― William French Anderson

共同的伽瑪鏈蛋白 ― γc

共同的伽瑪鏈基因 ― IL2RG

伊斯納 ― Jeffery Isner

狄席娃 ― Ashanthi De Silva

佛克曼 ― Judah Folkman

佘瑞修 ― Adrian Thrasher

威爾森 ― James W. Wilson

重度複合性免疫不全症候群 ― Severe Ccombined
   Immunodeficiency Syndrome, SCID

費雪 ― Alain Fischer

腺苷解氨酶 ― Adenosine deaminase, ADA

傑西 ― Jesse Gelsinger

慢病毒 ― Lentivirus

戴弗 ― Utpal Dave

第 10 章

莫伊卡 ― Francisco Mojica

嗜鹽菌 — haloferax mediterranei

重複 — R，repeat

間隔 — S，spacer

規律間隔短串重複 — SRSRs，short regularly spaced repeats)

成簇規律間隔短串迴文重複序列 — CRISPR clustered regularly interspaced short palindromic repeats

石野 — Yoshizumi Ishino

CRISPR 關聯基因 — CRISPR associated gene，cas

BLAST — 基本局部比對搜尋工具，Basic Local Alignment Search Tool

弗涅 — Gilles Vergnaud

串聯重複 — tandem repeat

博洛亭 — Alexander Bolotin

霍瓦特 — Philippe Horwath

巴蘭古 — Rodolphe Barrangou

莫努 — Sylvain Moineau

原 RNA — pro crisprRNA，pro crRNA

基因外的另一種 RNA — trans-activating crispr RNA，tracrRNA

嚮導 RNA — guide RNA，gRNA

夏彭媞 — Emannuelle Charpentier

傅格 — Jörg Vogel

伍斯特 — John van der Oost

席克斯尼斯 — Virginijus Siksnys

道納 — Jennifer Doudna

單一嚮導 RNA — single guide RNA，sgRNA

夏洛克檢測 — SHERLOCK，Specific High sensitivity Enzymatic
　　Reporter unLOCKing

伴隨活動 — collateral activity

類轉錄活化者核酸酶 — transcription activator like effecter nuclease，
　　TALEN

鋅指核酸酶 — zinc finger nuclkease，ZFN

間隔原型相鄰模體 — protospacer adjacent mitif，PAM

劉如謙 — David Liu

CRISPR 先導編輯 — Prime crispr editing，PCE

先天性失明 — 萊伯氏先天性黑矇症第十型，Leber's Congenital
　　Amaurosis type 10, LCA10

癌睪抗原 — cancer-testis antigen, CTA

葛蕾 — Victoria Gray

第11章

SARS —Severe Acute Respiratory Syndrome, 嚴重急性呼吸症候群

次世代定序 — next generation sequencing, NGS

引子 — Primer

水生棲熱菌—Thermus aquaticus, Taq

反轉錄酶酶— Reverse Transcriptase, RT

去氧核醣核苷酸 —dNTP

冷卻劑 ― Quencher

即時反轉錄酶聚合酶連鎖反應 ― Real Time RT-PCR

即時聚合酶連鎖反應 ― Real Time PCR

定序 ― Sequence

胡德 ― Leroy Hood

唐氏症 ― Down syndrome

桑格 ― Frederick Sanger

探子― Probe

報告者 ― Reporter

溴化乙錠 ― Ethidium Bromide, EtBr

聚合酶連鎖反應 ― Polymerase chain reaction, PCR

模版 ― Template

樋口 ― Russell Gene Higuchi

穆里斯 ― Kary Mullis

雙去氧核醣核苷酸 ― di-dNTP

文庫製備 ― library preparation

叢集生成 ― cluster generation

邊合成邊測序 ― sequencing by synthesis

第12章

全基因體關聯研究 ― Genome Wide Association Study, GWAS

基因晶片 ― Gene Chip, 即 DNA 微陣列 DNA microarray

單核苷酸多樣性 ― Single nucleotide polymorphism, SNP

單倍型計畫 — HapMap Project

寡核苷酸 — Oligonucleotide

螢光原位雜交 — Fluorescence In Situ Hybridization, FISH

主要參考資料

第1章

● Collins FS, et al. A vision for the future of genomics research. Nature 2003;422:835-47.

● Lorentz C, et al. Primer on Medical Genomics: Part I: History of Genetics and Sequencing of the Human Genome. Mayo Clinic Proceedings 2002 ; 77(8):773-82 .

● Ridley M. 1999. 蔡承志譯 2000《23 對染色體》. 商周出版 .

● Ann Gibbons. Calibrating the Mitochondrial Clock. Science 1998; 279(5347): 28-9.

● White TD, et al. Pleistocene Homo sapiens from Middle Awash, Ethiopia. Nature 2003; 423:742-7.

● Clark JD, et al. Stratigraphic, chronological and behavioural contexts of Pleistocene Homo sapiens from Middle Awash, Ethiopia. Nature 2003; 423:747-52.

● Francis Collins. Has the revolution arrived? Nature 464, 674-675 (1 April 2010).

● W. Gregory Feero, et al. Genomic Medicine ─ An Updated Primer. N Eng J Med 362:2001-2011 May27,2010.

第2章

- Guttmacher AE, Collins FS. Genomic medicine -- a primer. N Engl J Med 2002; 347:1512-1520.

- Burke W. Genomics as a probe for disease biology. N Engl J Med 2003;349:969-974.

- Watson J, et al. 2004. Molecular Biology of the Gene. Cold Spring Harbor Laboratory Press.

- Weinshilboum R. Inheritance and drug response. N Engl J Med 2003; 348:529-37.

- Marshal E. First Check My Genome, Doctor. Science 2003; 302(5645):589.

- Recommendations from the EGAPP Working Group: testing for cytochrome P450 polymorphisms in adults with nonpsychotic depression treated with selective serotonin reuptake inhibitors. Evaluation of Genomic Applications in Practice and Prevention (EGAPP) Working Group. Genet Med 2007:9(12):819–825.

第3章

- Bird A. DNA methylation patterns and epigenetic memory . Gene & Development 2002; 16: 6-21.

- Reik W, et al. Genomic imprinting: parental influence on the genome. Nat Rev Genet. 2001;2(1):21-32.

- Young LE. Epigenetic change in IGF2R is associated with

fetal overgrowth after sheep embryo culture . Nature Genetics 2001; 27(2); 153-4.

● Herman JG, et al. Gene silencing in cancer in association with promoter hypermethylation. N Engl J Med 2003; 349:2042-54.

● Herman JG, et al. Methylation-specific PCR: A novel PCR assay for methylation status of CpG islands. PNAS 1996;93: 9821-26.

● Brock MV et al. DNA methylation markers and early recurrence in stage I lung cancer. N Eng J Med 2008;358:1118-28.

● Lister R et al. Human DNA methylomes at base resolution show widespread epigenomic differences. Nature 462, 315-322 (2009).

第4章

● RNA interference. Nature (insight) 2004; 431:338-78.

● Hannon GJ. RNA interference. Nature 2002; 418: 244-51.

● Ge Q, 陳建柱 , et al. Inhibition of influenza virus production in virus-infected mice by RNA interference. Proc. Natl. Acad. Sci. USA 2004; 101: 8676-81.

● Pfeffer S, et al. Identification of Virus-Encoded MicroRNAs. Science 2004; 304: 734-736.

● McCaffrey AP, et al. Inhibition of hepatitis B virus in mice by RNA interference. Nat Biotechnol 2003; 21:639-44.

● Chen Y, et al. Inhibition of hepatitis B virus replication by stably expressed shRNA. Biochem Biophys Res Commun. 2003; 14: 311(2):398-404.

● Song E, et al. RNA interference targeting. Nat Med 2003;9:347-51.

● Niedzinski EJ et al. Enhanced systemic transgene expression after nonviral salivary gland transfection using a novel endonuclease inhibitor/DNA formulation. Gene Therapy 2003; 10: 2133-8.

● Liu F, et al. Hydrodynamics-based transfection in animals by systemic administration of plasmid DNA. Gene Therapy 1999, 6;1258-66.

● Carmell MA, et al. Germline transmission of RNAi in mice. Nature Structural Biology 2003; 10(2):91 -2.

● Taulli R., Tuschl T. et al. The muscle-specific microRNA miR-206 blocks human rhabdomyosarcoma growth in xenotransplanted mice by promoting myogenic differentiation. J. Cl in Invest. 2009 Aug; 119(8):2366-78.

● Lipid-like materials for low-dose, in vivo gene silencing. Kevin T. etc. PNAS 2010 107: 1864-1869.

第5章

● Weinberg RA. 1998. 周業仁譯,《細胞反叛》,天下文化出版,1999。

● Mizuno T., et al. Preferential induction of RET/PTC1

rearrangement by X-ray irradiation. Oncogene 2000;19(3): 438-43.

● Knudson A G. Two genetic hits (more or less) to cancer. Nature Rev Cancer 2001;1:157-62.

● Micklos DA, et al. 2003. DNA Science. Cold Spring Harbor Laboratory Press.

● The IARC TP53 database. http://www.iarc.fr/P53/

● Sulston J, et al. 2002. 潘震澤等譯,《生命的線索》,時報出版,2003。

● GeneTests, Funded by the National Institutes of Health. http://www.genetests.org/

● James R. Downing. Cancer Genomes ─ Continuing Progress. NEJM 2009; 361：11:1111.

第6章

● Okamoto H, et al.Typing hepatitis B virus by homology in nucleotide sequence: comparison of surface antigen subtypes. J Gen Virol. 1998, 69: 2575-83.

● Stuyver L, et al. A new genotype of hepatitis B virus: complete genome and phylogenetic relatedness. Journal of General Virology 2000; 81, 67-74.

● Block TM, et al. Molecular viral oncology of hepatocellular carcinoma. Oncogene 2003; 22: 5093-107.

● 林進清 (台中榮總), et al. Quantification of Plasma Epstein-

Barr Virus DNA in Patients with Advanced Nasopharyngeal Carcinoma. N Engl J Med 2004; 350:2461-70.

● Walboomer JM, Jacobs MV, Manos MM et al. Human papillomavirus is a necessary cause of invasive cervical cancer worldwide. J Pathol. 1999; 189:12-19.

● Koutsk LA, et al. A controlled trial of a human papillomavirus type 16 vaccine. N Engl J Med 2002;347:1645-51.

● Lynch HT, et al. Hereditary colorectal cancer. N Engl J Med 2003;348:919-32.

● van de Vijver MJ, et al. A gene-expression signature as a predictor of survival in breast cancer. N Engl J Med 2002;347:1999-2009.

● 陳垣崇 (中研院)，〈本土基因資料庫之必要〉，《中國時報》，2003.7.27.

● Recommendations from the EGAPP Working Group:genetic testing strategies in newly diagnosed individuals with colorectal cancer aimed at reducing morbidity and mortality from Lynch syndrome in relatives. Genetics IN Medicine ● Volume 11, Number 1, January 2009.

● ME Robson et al. American Society of Clinical Oncology Policy Statement Update: Genetic and Genomic Testing for Cancer Susceptibility. JCO Feb 10 2010: 893-901.

第7章

● Nussbaum RL, et al. Alzheimer's disease and Parkinson's disease. N Engl J Med 2003; 348:1356-64.

● Coskun PE, Beal MF, Wallace DC. Alzheimer's brains harbor somatic mtDNA control-region mutations that suppress mitochondrial transcription and replication Proc. Natl. Acad. Sci. USA, 10.1073/pnas.0403649101, Published online before print July 9, 2004.

● Weiss ST, et al. Asthma genetics 2003. Human Molecular Genetics 2004; 13: R83-9.

http://infection.thelancet.com/journal/vol4/iss11/full/laid.4.11.newsdesk.31020.1

● Catherine Shaffer. Pfizer jettisons Esperion. Nature Biotechnology 26, 724-725 (July 2008)

● David K. Spady. Reverse Cholesterol Transport and Atherosclerosis Regression. Circulation 1999;100;576-578

● Weibel GL et al.Wild-type ApoA-I and the Milano variant have similar abilities to stimulate cellular lipid mobilization and efflux. Arterioscler Thromb Vasc Biol. 2007 Sep;27(9):2022-9.

● Pinto LA, Stein RT, Kabesch M. Impact of genetics in childhood asthma. J Pediatr (Rio J). 2008;84(4 Suppl):S68-75.

● Harold, D. et al. (2009) Genome-wide association study identifies variants at CLU and PICALM associated with Alzheimer's disease. Nat. Genet. 41, 1088–1093

- Lambert, J.C. et al. (2009) Genome-wide association study identifies variants at CLU and CR1 associated with Alzheimer's disease. Nat. Genet. 41, 1094–1099

- 湯麗玉、邱銘章,《失智症照護指南》,原水文化出版,2009.05.07。

- Moffatt MF et al. Genetic variants regulating ORMDL3 expression contribute to the risk of childhood asthma. Nature 2007;448:470–473.

- Breslow DK et al. Orm family proteins mediate sphingolipid homeostasis. Nature 2010 Feb 25, 463:1048-1054.

第8章

- Israel BF, et al. Virally targeted therapies for EBV-associated malignancies. Oncogene 2003; 22:5122-30.

- Hooper JW, et al. Smallpox DNA Vaccine Protects Nonhuman Primates against Lethal Monkeypox. J Virology 2004;78(9): 4433-43.

- 周成功(陽明),〈台灣基因體研究何去何從?〉,《中國時報》,2001.04.04.

- Kazutoshi Takahashi, Shinya Yamanaka. Induction of pluripotent stem cells from mouse embryonic and adult fibroblast cultures by defined factors. Cell 126, 663–676, August 25, 2006.

- Zhao XY, Zhou Q et al. iPS cells produce viable mice through

tetraploid complementation.Nature 2009 Sep 3; 461(7260):86-90.

● Zhao XY, Zhou Q et al. Viable Fertile Mice Generated from Fully Pluripotent iPS Cells Derived from Adult Somatic Cells. Stem Cell Rev. 2010 Jun 12.

● 王道還，〈人工全能幹細胞〉，《科學發展》，2009 年 9 月，P74。

● Hongyan Zhou et al. Generation of Induced Pluripotent Stem Cells Using Recombinant Proteins. Cell Stem Cell, Volume 4, Issue 5, 381-384, 23 April 2009.

● Vierbuchen T, Wernig M, et al. Direct conversion of fibroblasts to functional neurons by defined factors.Nature.2010; 463 (7284): 1035-41.

第9章

● Isner JM. THERAPEUTIC ANGIOGENESIS. Frontiers in Bioscience, http://www.bioscience.org/1998/v3/e/isner/list.htm

● Cavazzana-Calvo M., et al. Gene Therapy of Human Severe Combined Immunodeficiency (SCID)-X1 Disease. Science 2000; 288: 669-72.

● Hacein-Bey-Abina et al. LMO2-Associated Clonal T Cell Proliferation in Two Patients after Gene Therapy. Science 2003; 302: 415-9.

● Dave UP, et al. Gene Therapy Insertional Mutagenesis

Insights. Science 2004; 303:333.

● Salima Hacein-Bey-Abina at al. Insertional oncogenesis in 4 patients after retrovirus-mediated gene therapy of SCID-X1,J. Clin. Invest. 118:3132–3142 (2008).

第 10 章

● Lander S. The Heroes of CRISPR. Cell. 2016 Jan 14; 164(1-2): 18-28.

● Barrangou R. RNA-mediated programmable DNA cleavage. Nat. Biotechnol. 2012; 30: 836-838.

● Barrangou R CRISPR-Cas systems: Prokaryotes upgrade to adaptive immunity. Mol. Cell. 2014; 54: 234-244.

● Barrangou R. Horvath P. CRISPR provides acquired resistance against viruses in prokaryotes. Science. 2007; 315: 1709-1712.

● Bolotin A. Clustered regularly interspaced short palindrome repeats (CRISPRs) have spacers of extrachromosomal origin. Microbiology. 2005; 151: 2551-2561.

● Brouns S.J.J. van der Oost J. Small CRISPR RNAs guide antiviral defense in prokaryotes. Science. 2008; 321: 960-964.

● Cong L. Zhang F. Multiplex genome engineering using CRISPR/Cas systems. Science. 2013; 339: 819-823.

● Deltcheva E. Charpentier E. CRISPR RNA maturation by trans-encoded small RNA and host factor RNase III. Nature. 2011;

471: 602-607.

● Gasiunas G. Barrangou R. Horvath P. Siksnys V. Cas9-crRNA ribonucleoprotein complex mediates specific DNA cleavage for adaptive immunity in bacteria. Proc. Natl. Acad. Sci. USA. 2012; 109: E2579-E2586.

● Hsu P.D Zhang F. Development and applications of CRISPR-Cas9 for genome engineering. Cell. 2014; 157: 1262-1278.

● Ishino Y. Nucleotide sequence of the iap gene, responsible for alkaline phosphatase isozyme conversion in Escherichia coli, and identification of the gene product. J. Bacteriol. 1987; 169: 5429-5433.

● Jinek M.Charpentier E. A programmable dual-RNA-guided DNA endonuclease in adaptive bacterial immunity. Science 2012, 337: 816-821.

● Mojica F.J.M. Intervening sequences of regularly spaced prokaryotic repeats derive from foreign genetic elements. J. Mol. Evol. 2005; 60: 174-182.

● Sapranauskas R. Siksnys V. The Streptococcus thermophilus CRISPR/Cas system provides immunity in Escherichia coli. Nucleic Acids Res. 2011; 39: 9275-9282.

● F. Ann Ran, and Feng Zhang et al. In vivo genome editing using Staphylococcus aureus Cas9. Nature. 2015 Apr 9; 520(7546): 186–191.

● Catherine A. Freije, Feng Zhang et al. Programmable Inhibition and Detection of RNA Viruses Using Cas13. Molecular Cell, 76;5：826-837, 2019.

● Jonathan S. Gootenberg, Feng Zhang et al. Multiplexed and portable nucleic acid detection platform with Cas13, Cas12a, and Csm6. Science, 2018 Apr 27; 360(6387): 439–444.

● EDITORIAL. CRISPR-Cas9 gene editing for patients with haemoglobinopathies. The Lancet Haematology, vol 6; PE438, SEP 01 2019.

● Ivana Trapani et al. Has retinal gene therapy come of age? From bench to bedside and back to bench. Human Molecular Genetics, 2019, Vol. 28, No. R1.

● Morgan L Maeder et al. Development of a gene-editing approach to restore vision loss in Leber congenital amaurosis type 10.Nature medicine 25(2): February 2019.

第11章

● Tefferi A, et al. Primer on Medical Genomics: Part II: Background Principles and Methods in Molecular Genetics. Mayo Clinic Proceedings 2002 ; 77(8): 785-808.

● 陽明基因體研究中心 C1 定序中心，http://genome.ym.edu.tw/manual/C1.htm

● Dorak MT. Real Time PCR. http://dorakmt.tripod.com/

genetics/realtime.html

- Drosten C, et al. Identification of a novel coronavirus in patients with severe acute respiratory syndrome. N Engl J Med 2003; 348:1967-76.

- 洪火樹，林銘達 (安建生技), et al. Development and evaluation of an efficient 3'-noncoding region based SARS coronavirus (SARS-CoV) RT-PCR assay for detection of SARS-CoV infections. J Virol Methods. 2004;120(1):33-40.

- Levy S et al. The diploid genome sequence of a single individual. PloS Biol 5, e254-86 (2007).

- Wheeler DA et al. The complete genome of an individual by massively parallel DNA sequencing. Nature 452:872-876 (2008)

- Margulies M et al. Genome sequencing in microfabricated high-density picolitre reactors. Nature 437, 376-380(2005).

第12章

- Friend SH, et al. The magic of microarrays. Scientific American 2002 Feb.

- Eric R. Marcotte, et al. cDNA microarray and proteomic approaches in the study of brain diseases: focus on schizophrenia and Alzheimer disease. Pharmacology & Therapeutics 2003; 100: 63-74.

- Lossos IS, et al. Prediction of Survival in Diffuse Large-B-Cell Lymphoma Based on the Expression of Six Genes. N Engl J

Med 2004; 350: 1828-37.

● Robert Lucito, et al. Representational Oligonucleotide Microarray Analysis: A High-Resolution Method to Detect Genome Copy Number Variation. Genome Research 2003; 13:2291-305.

● The Wellcome Trust Case Control Consortium. Genome-wide association study of 14,000 cases of seven common diseases and 3,000 shared controls. Nature 7 June 2007 447：661-678.

● Margaret A. Hamburg, and Francis S. Collins. The Path to Personalized Medicine.

● Published at www.nejm.org June 15, 2010 (10.1056/NEJMp1006304).

● Psychiatric GWAS Consortium Coordinating Committee. Genomewide Association Studies: History, Rationale, and Prospects for Psychiatric Disorders. Am J Psychiatry 2009; 166:540–556.

國家圖書館出版品預行編目資料

認識DNA（增修三版）：下一波的醫療革命 / 林正焜
著，洪火樹審定. -- 二版. 台北市：商周出版：
家庭傳媒城邦分公司發行, 2010.09
面；　　公分. --（科學新視野；58）
參考書目：面
ISBN 986-124-428-X（平裝）

1.基因　2.DNA

363.019　　　　　　　　　　　　　94010707

科學新視野　58

認識DNA（增修三版）——下一波的醫療革命

作　　　者／林正焜
審　　　定／洪火樹博士
企 畫 選 書／黃靖卉
責 任 編 輯／黃靖卉

版　　　權／黃淑敏、翁靜如
行 銷 業 務／莊英傑、周佑潔、黃崇華、張媖茜
總 編 輯／黃靖卉
總 經 理／彭之琬
事業群總經理／黃淑貞
發 行 人／何飛鵬
法 律 顧 問／元禾法律事務所 王子文律師
出　　　版／商周出版
　　　　　　台北市104民生東路二段141號9樓
　　　　　　電話：(02) 25007008　傳眞：(02)25007759
　　　　　　blog:http://bwp25007008.pixnet.net/blog
　　　　　　E-mail：bwp.service@cite.com.tw
發　　　行／英屬蓋曼群島商家庭傳媒股份有限公司 城邦分公司
　　　　　　台北市中山區民生東路二段141號2樓
　　　　　　書虫客服服務專線：02-25007718；25007719
　　　　　　服務時間：週一至週五上午09:30-12:00；下午13:30-17:00
　　　　　　24小時傳眞專線：02-25001990；25001991
　　　　　　劃撥帳號：19863813；戶名：書虫股份有限公司
　　　　　　讀者服務信箱：service@readingclub.com.tw
　　　　　　城邦讀書花園：www.cite.com.tw
香港發行所／城邦（香港）出版集團有限公司
　　　　　　香港灣仔駱克道193號東超商業中心1樓_ E-mail:hkcite@biznetvigator.com
　　　　　　電話：(852) 25086231　傳眞：(852) 25789337
馬新發行所／城邦（馬新）出版集團【Cite (M) Sdn. Bhd. (458372U)】
　　　　　　41, Jalan Radin Anum, Bandar Baru Sri Petaling,
　　　　　　57000 Kuala Lumpur, Malaysia
　　　　　　電話：(603) 90578822　傳眞：(603) 90576622

封 面 設 計／斐類設計工作室
版 型 設 計／洪菁穗
排　　　版／極翔企業有限公司
印　　　刷／韋懋實業有限公司
經　　　銷／聯合發行股份有限公司　地址：新北市231新店區寶橋路235巷6弄6號2樓
　　　　　　電話：(02)2917-8022　傳眞：(02)2911-0053

■2010年9月7日二版一刷　　　　　　　　　　　Printed in Taiwan
■2020年4月7日三版一刷
定價360元

城邦讀書花園
www.cite.com.tw

- -

請沿虛線對摺，謝謝！

書號：**BU0058Y**　　書名：認識 DNA（增修三版）　　編碼：

 商周出版

讀者回函卡

感謝您購買我們出版的書籍！請費心填寫此回函卡，我們將不定期寄上城邦集團最新的出版訊息。

不定期好禮相贈
立即加入：商周
Facebook 粉絲團

姓名：＿＿＿＿＿＿＿＿＿＿＿＿＿＿＿＿＿＿＿ 性別：□男 □女

生日：西元＿＿＿＿＿＿年＿＿＿＿＿＿月＿＿＿＿＿＿日

地址：＿＿＿＿＿＿＿＿＿＿＿＿＿＿＿＿＿＿＿＿＿＿

聯絡電話：＿＿＿＿＿＿＿＿＿＿ 傳真：＿＿＿＿＿＿＿＿＿＿

E-mail ：

學歷：□ 1. 小學 □ 2. 國中 □ 3. 高中 □ 4. 大學 □ 5. 研究所以上

職業：□ 1. 學生 □ 2. 軍公教 □ 3. 服務 □ 4. 金融 □ 5. 製造 □ 6. 資訊
　　　□ 7. 傳播 □ 8. 自由業 □ 9. 農漁牧 □ 10. 家管 □ 11. 退休
　　　□ 12. 其他＿＿＿＿＿＿＿＿＿＿＿＿＿＿＿＿＿

您從何種方式得知本書消息？
　　　□ 1. 書店 □ 2. 網路 □ 3. 報紙 □ 4. 雜誌 □ 5. 廣播 □ 6. 電視
　　　□ 7. 親友推薦 □ 8. 其他＿＿＿＿＿＿＿＿＿＿＿＿

您通常以何種方式購書？
　　　□ 1. 書店 □ 2. 網路 □ 3. 傳真訂購 □ 4. 郵局劃撥 □ 5. 其他＿＿＿

您喜歡閱讀那些類別的書籍？
　　　□ 1. 財經商業 □ 2. 自然科學 □ 3. 歷史 □ 4. 法律 □ 5. 文學
　　　□ 6. 休閒旅遊 □ 7. 小說 □ 8. 人物傳記 □ 9. 生活、勵志 □ 10. 其他

對我們的建議：＿＿＿＿＿＿＿＿＿＿＿＿＿＿＿＿＿＿＿＿
　　　　　　　＿＿＿＿＿＿＿＿＿＿＿＿＿＿＿＿＿＿＿＿
　　　　　　　＿＿＿＿＿＿＿＿＿＿＿＿＿＿＿＿＿＿＿＿